JAN HAFT, geboren 1967, ist Biologe und ein vielfach aus-
gezeichneter Natur- und Tierfilmer. Seine neuesten Tierdokumen-
tationen *Biene Majas wilde Schwestern* und *Die Wiese –
ein Paradies nebenan* widmen sich den kleineren Artgenossen. Er
lebt mit seiner Frau und drei Kindern auf einem Bauernhof im
Isental bei München. Eine seiner Lieblingswiesen liegt gleich neben
dem Hof.

JAN HAFT

Die Wiese

Lockruf in eine geheimnisvolle Welt

 PENGUIN VERLAG

Sollte diese Publikation Links auf Webseiten Dritter enthalten,
so übernehmen wir für deren Inhalte keine Haftung, da wir
uns diese nicht zu eigen machen, sondern lediglich auf deren
Stand zum Zeitpunkt der Erstveröffentlichung verweisen.

Verlagsgruppe Random House FSC® N001967

PENGUIN und das Penguin Logo sind Markenzeichen von
Penguin Books Limited und werden hier unter Lizenz benutzt.

2. Auflage 2020
Copyright © 2019 by Penguin Verlag
in der Verlagsgruppe Random House GmbH,
Neumarkter Straße 28, 81673 München
Bildbearbeitung: Lorenz & Zeller, Inning a. Ammersee
Umschlag: Bürosüd nach einem Entwurf von Sabine Kwauka
Umschlagmotiv: © James O'Neil/Getty Images; Denis Tabler/Shutterstock
Satz: Vornehm Mediengestaltung GmbH, München
Druck und Bindung: GGP Media GmbH, Pößneck
Printed in Germany
ISBN 978-3-328-10591-6
www.penguin-verlag.de

Dieses Buch ist auch als E-Book erhältlich.

Meinen Kindern Lili, Charlotte und Anselm
und meiner Frau Melanie
sowie
jenen Landwirten, die trotz aller Sachzwänge und
ohne viel darüber zu reden auf ihrem Grund ein
paar wilde Ecken und blühende Flecken zulassen,
obwohl sie es nicht müssten. Ihnen gilt mein
größter Respekt.

INHALT

Ein Morgen im Mai

Mit zitternden Bewegungen ihrer winzigen Fußglieder schiebt sich die Wiesenhummel auf die andere Seite der Schaumkraut-Blüte, auf der sie, klamm und mit dicken Tautropfen im dichten Haarkleid, die Nacht verbracht hat. Die Sonne geht gerade auf, und das kleine Pelztier versucht, die ersten wärmenden Strahlen einzufangen, um schneller auf »Betriebstemperatur« zu kommen. Überall in der Wiese das gleiche Bild: Von der Kälte der Nacht gelähmte Hautflügler, Fliegen, Käfer und Schmetterlinge drehen sich wie in Zeitlupe der Sonne zu, um deren wohltuende Wärme aufzunehmen und ihren kleinen klammen Insektenleib schneller beweglich zu machen.

Ein ganz anderes Tier steht auf allen vieren mitten in der Wiese, in der die Sonne jetzt Myriaden von Tautropfen funkeln lässt, als hätte jemand ein Bergwerk voller Diamanten ausgeschüttet. Die Füchsin. Sie war den ganzen Morgen in der Wiese unterwegs, um zu jagen. Futter für ihre Welpen, die am Rand der Wiese warten. Meter für Meter pirscht sie durch das nasse Gras. Immer wieder legt sie dabei ihren bisherigen Fang ab. Vier Wühlmäuse sind ihrem Nachwuchs als Frühstück schon mal sicher. Aber sie hat noch nicht genug, schließlich warten im Bau gleich fünf hungrige Füchschen. Und eine Maus ist auch für einen Jungfuchs nicht mehr als ein kräftiger Happen. Sie schnuppert in die Morgenluft und blickt sich um. Dann nimmt sie das kleine Bündel Mäuse wieder auf und schleicht weiter, die Sinne weit geöffnet. Währenddessen hat die Wiesenhummel begonnen, ihr gelb-schwarz-rotes Haarkleid zu putzen. In ihrem Pelz könnten Reste von Nektar und Pollen als Keimbett für Pilze oder Bakterien zu gefährlichen Erkrankungen führen, deswegen sieht man jetzt überall in der Wiese Brummer, die sich so wie unsere dicke Honigsammlerin ausführlich der Körperpflege widmen.

Die Füchsin ist nicht die einzige Tiermutter in der Wiese, die sich gerade um ihren Nachwuchs sorgt. Keine hundert Meter weit weg sitzt das Brachvogelweibchen auf seinem Gelege und macht einen langen Hals. So kann es nämlich das sanft wogende Meer aus Gräsern und Kräutern überblicken, ohne aufzustehen und den Küken, die gerade dabei sind zu schlüpfen, die Geborgenheit und Wärme zu nehmen. Der Puls der Vogelmutter schnellt hoch; ihre scharfen Augen haben die Füchsin entdeckt, und die schnürt geradewegs in Richtung

Vogelfamilie! Die Vogelmutter hat jetzt mehrere Möglichkeiten. Sie könnte plötzlich aufstehen, weglaufen und dann auffliegen. Der Räuber im roten Rock würde sofort aufmerksam, aber da er noch relativ weit weg ist, hätte der Fuchs schlechte Karten beim Auffinden der Brachvogelküken und -eier. Allerdings würde er es ganz bestimmt versuchen! Oder die Vogelmutter bleibt sitzen und wartet und setzt darauf, nicht aufzufallen. Was allerdings den Nachteil hat, dass sie dann, wenn der Fuchs ganz nahe käme, auffliegen *müsste,* und dann wäre der Nachwuchs unweigerlich verloren. Ein Brachvogel hat kein Bewusstsein für Zwickmühlen, aber dieser steckt jetzt in einer solchen. Er bewegt sich nicht.

Die Sonnenstrahlen haben bereits so viel Kraft, dass sie Tautropfen um Tautropfen verdampfen lassen. Feuchtigkeit steigt aus der Blumenwiese auf. Es wird langsam warm, und ein Duft von Heu und Honig macht sich breit. Die Wiesenhummel hat ihre Körperpflege beendet und zittert. Nicht vor Kälte, sondern weil ein Muskelspiel in ihrem kleinen kompakten Körper dafür sorgt, dass die Temperatur weiter steigt und ihr der Senkrechtstart in den Tag gelingt. Unter 30 Grad Celsius Körpertemperatur hebt so ein Brummer nicht ab.

Die Sonnenwärme hat nicht nur die Insekten in Bewegung gebracht, sondern auch die Luftschicht über der Wiese, weshalb der Ozean der blühenden Gräser und Kräuter zunehmend in Bewegung gerät. Die Stille des

Morgens, in der nur das Tirilieren der Feldlerchen, hoch am Himmel, zu hören war, ist dem sanften Rauschen der Wiesenpflanzen im Wind und geschäftigem Gesumm gewichen. Denn im Dschungel der Halme herrscht jetzt reger Verkehr. In allen Stockwerken kreuzen sich die Wege kleiner und großer, schneller und langsamer Flieger. Alle sind auf Nahrungssuche. Alle haben Hunger, auch unsere Wiesenhummel. Ihr recken sich Abertausende Blumen entgegen, bieten sich so auffällig wie möglich an, betteln förmlich darum, bestäubt zu werden und im Gegenzug ihre Lockspeise loszuwerden, den Blütennektar. Wiesenhummeln saugen und sammeln aber nicht nur Nektar, den sie als Essensvorrat in ihrem Bau in einem aufgelassenen Mäusenest in kleinen Fässchen aus Hummelwachs lagern. Sie sammeln auch Blütenpollen als Futter für ihre Larven.

Aufgewärmt und munter fliegt unsere Wiesenhummel-Arbeiterin durch den Halm-Wald und ortet eine besonders vielversprechende Pollenquelle: gelbe, maulförmige Blüten, die aus einem bleichen Blattschopf ragen – und die steuert sie zielstrebig an. Dabei beachtet das pummelige Insekt die Füchsin nicht, an der sie in wenigen Zentimetern Entfernung vorbeisteuert. Füchse fressen keine Hummeln und sind daher keine Gefahr. Nur Jungfüchse, die vor ihrem Bau spielen, schnappen manchmal nach Insekten, die an ihnen vorüberfliegen. Aber der Füchsin in der Wiese steht der Sinn nach etwas ganz anderem.

Die Wiesenhummel ist an einer gelben Klappertopf-Blüte gelandet und beginnt mit der Pollenernte. Dazu hängt sie sich unter das Blütenmaul, aus dem ein weißliches Röhrchen ragt; eine Art Stutzen, ideal, um etwas auszuschütten. Eine Hummel kann nicht nachdenken, aber sie »weiß« genau, was jetzt zu tun ist. Sie betätigt ihre Flugmuskulatur, sehr schnell, aber sie belässt die Flügel über dem Rücken zusammengelegt. Sie will auch nicht fliegen, sie will schütteln. Bestimmte Muskeln in der Hummelbrust halten die Flügelansätze fest. Die eigentlichen Flugmuskeln aber arbeiten wie wild und versetzen den ganzen Hummelkörper unter laut hörbarem Summen in Vibration. Dadurch beginnt auch die Klappertopfblüte zu zittern. In ihrem Inneren löst sich Blütenpollen von den Staubgefäßen und purzelt durch den »Ausfüllstutzen« in einem feinen Strahl aus der Blüte heraus und auf den Bauch der Hummel, die kopfüber darunterhängt. Bald ist die Blüte leer und die Hummel fliegt ab, den Klappertopfpollen in der Bauchbehaarung. Den kämmt sie jetzt im Flug mit Borsten an den Gliedmaßen aus dem Haar heraus und streift ihn an den »Höschen« ab, den Pollenpäckchen, die sie an den beiden Hinterbeinen trägt. Aber ein kleines bisschen Blütenstaub bleibt immer im Hummelpelz zurück, zumindest bis zur nächsten Morgentoilette; genug, um damit die nächste Blüte zu bestäuben.

Die Füchsin beachtet das Brummen und Summen um sie herum nicht und mustert die Wiese. Sie hat eine

Bewegung ausgemacht, die nicht so aussah, als wäre der Wind dafür verantwortlich. Das Brachvogelweibchen verliert die Nerven, stürzt aus dem Nest und wirft dabei zwei seiner Jungen um, die verdattert am Rand der Nestmulde sitzen bleiben. Es macht geduckt ein paar hektische Schritte, um den genauen Neststandort nicht allzu leicht preiszugeben, und fliegt unter Getriller laut schimpfend auf. Und auch wenn Brachvögel nicht rechnen können, geht die »Rechnung« doch auf. Die Füchsin schaut dem lärmenden und flatternden Etwas hinterher und verliert die Stelle aus dem Blick, wo der Langschnabel aufgeflogen war. Sie trollt sich in Richtung Bau am anderen Ende der Wiese, wo ihre hungrigen Welpen auf Futter warten. Besser wenig als gar nichts! Die Brachvogelmutter ist wieder gelandet und nähert sich, langsam und aufmerksam die Umgebung musternd, ihrem Nest. Dabei stolziert sie durch einen fahlgelb blühenden Klappertopfbestand, wo Hummeln wild summend unter Blüten hängen. Es wird immer wärmer. Ein Maientag in der Blumenwiese ist angebrochen, so wie unzählige Male in vielen Jahrhunderten zuvor …

KAPITEL 1

Meine »heilige Wiese«

Als ich neun Jahre alt war, erzählte mir meine Mutter eine Geschichte aus ihrer Kindheit, die mir besonders im Gedächtnis geblieben ist. Sie schilderte, wie sie sich immer wieder in eine Blumenwiese in der Nachbarschaft ihres Elternhauses in München-Schwabing zurückzog, sich ins Gras legte und Marienkäfern und anderen Wieseninsekten beim Auf und Ab im Dschungel der Halme zusah. In ihrer Vorstellung wurde sie zu einer Zwergin unter Zwergen, verlieh den Wieseninsekten Namen und dachte sich Gespräche aus zwischen den Käfern, Raupen und Zikaden. Möglicherweise flüchtete sie sich in diese scheinbar friedliche, kleine Welt, um der Bedrückung zu entfliehen, die Kriegszeiten und Evakuierung mit sich brachten. Vielleicht war sie auch einfach von der Farben- und Formenvielfalt der Wiese fasziniert. Jedenfalls berührte mich diese Geschichte mehr als andere, als wenn ich geahnt hätte, dass die Wiese in den kommenden Jahrzehnten zu einer Art Lebensthema für mich werden würde; dass ich selbst immer wieder in einer Wiese stehen, sitzen und liegen würde, manchmal mit einer Kamera in der Hand. Und das auch noch in der allerschönsten Wiese der Welt, nämlich in meiner »heiligen Wiese«.

Unsere Familie wohnte in Weißenfeld, einem Örtchen in der Nähe von München, das heute wie eine Insel aus großen industriell bestellten Feldern ragt. Damals war es noch von einer bunten Mischung aus Getreideäckern und Wiesen umgeben. Unser Haus stand auf dem Grund eines Landwirts, bei dem mein Bruder und ich frische Milch holen mussten und wo es viel für uns zu erleben gab, etwa wenn der Bauer uns Kinder bei der Kartoffelernte mithelfen ließ und wir sogar den Traktor lenken durften. In diesem Elternhaus erwachte in mir mit acht oder neun Jahren eine schier grenzenlose Begeisterung für Tiere, und bald teilte ich mein Kinderzimmer mit einem frei fliegenden Nymphensittich, Rennmäusen, Fröschen und allerhand Krabbeltieren, die ich auf Familienausflügen sammelte oder für mein Taschengeld in der Zoohandlung erwarb.

Ich war ein schwieriges Kind. Viele Vorschläge meiner Eltern zur gemeinsamen Freizeitgestaltung lehnte ich ab. Oft störte ich mit meiner Sturheit den Familienfrieden. Die Eltern wollten ihren beiden Söhnen ein humanistisches Fundament und eine möglichst breite

Allgemeinbildung mit auf den Weg geben, uns vor allem die europäischen Kulturschätze nahebringen. Deswegen waren für mich viele Sonntage von Museumsaufenthalten in der Stadt überschattet und die Urlaube verbinden sich in meiner Erinnerung mit quälenden Besuchen von muffig riechenden Kirchen und staubigen Ausgrabungsstätten. Als die weltberühmte Büste der Nofretete nach München kam, brachte ich meinen Protest gegen den von meinen Eltern verordneten Ausstellungsbesuch zum Ausdruck, indem ich die gesamte Tour durch das Haus der Kunst mit gesenktem Kopf absolvierte. Eine Anekdote, die später unzählige Male vor Verwandten und Freunden zum Besten gegeben wurde.

Was mich als kleinen Naturfreak regelrecht kränkte, war, dass niemand zu sehen schien, dass ich mich nicht grundlos verweigerte, sondern dass in mir eine Sehnsucht brannte nach all dem, was da draußen kreucht und fleucht. Ausflüge in Schlösser oder Museen hielten mich einfach nur von der Natur fern, das war es. Auf Familienausflügen zu Landgasthäusern motivierte mich die Aussicht, nebenbei Federn, leere Schneckenhäuser, Frösche und Ähnliches zu finden, viel stärker als Kaiserschmarrn oder drei Kugeln Eis.

Auslandsreisen versprachen exotische Tiererlebnisse, für die ich aber allerhand unangenehme Begleiterscheinungen in Kauf nehmen musste. Der jährliche Sommerurlaub am Mittelmeer war stets eine Mischung aus Schnorcheln, Lernen für die Schule und Besuchen von allerlei Ruinen. Knossos und Delphi, das Kolosseum, Florenz, Aix-en-Provence ... all diese Namen hatten damals für mich einen unangenehmen Beigeschmack. Legendär und später am Familientisch ebenfalls immer wieder aufs Neue erzählt, waren meine Versuche, unter Bruchstücken von Säulen oder Statuen Tiere zu entdecken. Ob vor Jahrtausenden kunstvoll behauen oder nicht, mit etwas Glück ließen sich unter solchen Steinbrocken Skinke oder Geckos erbeuten oder zumindest Skorpione, Schwarzkäfer und andere Kostbarkeiten. Ich merkte früh, dass ich der Einzige weit und breit war, der diesen Funden so viel abgewinnen konnte. Mehr als ihren jahrtausendealten, steinernen Unterschlupfen jedenfalls. Aber ich war mir schon als Kind ganz sicher, dass ich es war, der all dem kriechenden und krabbelnden Viechzeug den richtigen Wert beimaß, und nicht die anderen, die sich vor dem Getier ekelten oder zumindest kein Interesse dafür aufbringen konnten. Solche Tierfunde jagten mir jedes Mal einen wohligen Schauer über den Rücken, und bald war meine Lieblingsbeschäftigung das Steinewenden. Tiere aufzustöbern schien so etwas wie meine Bestimmung zu sein; das Einzige, dem ich schier beliebig lange meine ganze Aufmerksamkeit widmen konnte. Mit der Zeit wurde ich immer besser darin, Tiere trotz Tarnung und Versteck ausfindig zu machen. Diese Fähigkeit sollte mir später zu den ersten Hilfsjobs beim Tierfilm verhelfen.

Ähnlich wie bei den Mittelmeerreisen im Sommer

erging es mir – und meinen Eltern – im Winterurlaub. Jedes Jahr nach Weihnachten fuhren wir nach Tirol. Wann immer es mir gelang, entwischte ich der Gesellschaft der Skifahrer und zog mich in einen alten Wald oberhalb der Piste zurück, wo Rindenfetzen von mächtigen Bäumen hingen und wo auf den Ästen uralter Fichten und Bergahorne dicke Moospolster und lange Bärte aus Flechten wuchsen. Ich baute Verstecke aus Zweigen und suchte Tiere. Laufkäfer zum Beispiel, die sich unter loser Baumrinde in Winterstarre befanden. Vom Hang her drang der Lärm der anderen zu mir hinauf, die mit dem in meinen Augen immer gleichen Auf und Ab glücklich waren. Während ich, im Wald, immer neue, aufregende Entdeckungen machte. Neben kältestarren Insekten fand ich geheimnisvolle Tierspuren oder alte Vogelnester. Manchmal erhaschte ich einen flüchtigen Blick auf einen Tannenhäher oder einen Kolkraben. Meist währte mein Glück im Wald jedoch nicht lange. Ich wurde zurückgerufen, gerügt und anschließend überredet, den Skizirkus mitzumachen.

Woher mein ausgeprägtes Naturinteresse stammt, ist unklar. Meine Vorfahren hatten alle möglichen Berufe, aber Biologen und Tierkundler waren nicht darunter. Mein Vater war Physiker und Patentanwalt und meine Mutter Grundschullehrerin. Die Eltern akzeptierten meine Leidenschaft irgendwann und begannen sie schließlich zu fördern – und zu instrumentalisieren, wenn es um die Schule ging. So mancher Appell an mich wegen meiner chronisch schlechten schulischen Leistungen endete mit dem Halbsatz: »… dann bekommst du ein neues Terrarium.« Entsprechend begannen meine Widerreden häufig mit: »Wenn ich ein neues Terrarium bekomme, dann …« Bald war ich Mitglied in mehreren naturkundlichen Vereinen, und mein Kinderzimmer füllte sich mit Tieren. Beim Schein der Neonbeleuchtungen aus meinen mit Wurzeln und Pflanzen eingerichteten Terrarien und beim Zirpen der Futterheimchen fühlte ich mich wohl. Heimchen, die entkommen waren und sich hinter die Randleisten des Parkettbodens zurückgezogen hatten, fütterte ich mit Salat, den ich in kleine Fetzen rupfte und auf den Boden legte.

Es gibt nach wie vor Terrarien in unserem Haus. Nicht mehr so viele wie in meiner Kindheit, und sie bedeuten mir nicht mehr so viel. Aber aus einem der Kinderzimmer leuchtet eine moderne, energiesparende UV-Lampe, und wenn ich in meinem Büro am Schnittcomputer sitze und an der Montage eines Tierfilms arbeite, schaut mir von der Seite ein untertellergroßer afrikanischer Grabfrosch zu. Und wenn sich heutzutage ein Futterheimchen hinter den Kühlschrank unserer Küche zurückgezogen hat, weil es dort warm und dunkel ist, freue ich mich nach wie vor über sein Gezirpe. Und ich habe mich schon dabei ertappt, wie ich auch heute noch die kleinen Sänger in ihrem Versteck mit Salatfetzen füttere.

Über das Für und Wider der Tierhaltung in Kinderoder Wohnzimmer lässt sich vieles sagen, und für beides gibt es gute Argumente. Mir erscheint es jedoch unbestreitbar, dass die Tierhaltung den Pfleger Verantwortung lehrt und Interesse weckt für das Lebendige an sich. Ein Kind, das liebevoll und interessiert mit Tieren umgeht, entdeckt jede Menge Zusammenhänge und lernt dadurch fürs Leben. Als mein Sohn unlängst einen Freund als Übernachtungsgast in unserem Haus hatte, streiften die beiden abends durch die Wiesen und fingen Heuschrecken. Beide hörten aufmerksam zu, als ich ihnen den Unterschied zwischen Männchen und Weibchen bei den Zwitscherschrecken erklärte. Sie entschieden sofort, dass das Männchen, das sie jetzt daran erkennen konnten, dass ihm die lange Legeröhre fehlt, die dem Weibchen bei der Eiablage dient, nachts zwischen ihren Betten stehen sollte. Das namengebende, zwitschernde Gezirpe war für uns Eltern, ein Stockwerk darüber, nur mit Wohlwollen als angenehm zu empfinden. Aber die beiden Jungs lauschten gebannt dem grünen Musikanten, leuchteten mit der Taschenlampe immer wieder in die Plastikschachtel und schliefen in dieser Nacht sicher unruhiger als sonst. Aber: Sie machten eine intensive Heuschreckenerfahrung. Wenn sie als Erwachsene von bedrohten Heuschreckenarten lesen oder hören, wird sie das sicher anders berühren als Menschen, die noch nie einen Grashüpfer oder ein Heupferd auf der Hand hatten.

Für mich als Kind waren Eidechsen und Geckos das Nonplusultra. Mehrmals in der Woche ging ich auf

Fangexkursion, um Lebendfutter für meine insektenfressenden Lieblinge zu besorgen: Prachtkieleidechsen, die ich aus dem Kroatienurlaub mitgebracht hatte, und Geckos und Leguane aus dem Zoohandel. Meine Familie war mittlerweile in den Nachbarort gezogen, und ich hatte jetzt verschiedene Wiesen in der näheren Umgebung, die ich gut mit dem Fahrrad erreichen konnte. Dort fing ich vor allem Grashüpfer. Die schönste und ergiebigste »Heuschreckenwiese« lag mitten im Wald, in einem Ausläufer des Ebersberger Forstes, östlich von München. Es war eine große, rechteckige Waldlichtung, in deren Mitte vier alte Eichen standen. Die vielbefahrene Bundesstraße 304 trennte den Waldabschnitt, in dem diese Waldwiese lag, von unserer Ortschaft, sodass auf jener Seite der Straße kaum jemand spazieren ging.

Hier war ich allein, hier füllte ich meine Lebendfutterdosen, hier spielte ich Tierforscher, und es gab niemanden, der mich zurückpfeifen würde. Auf dieser Wiese entdeckte ich zum ersten Mal die Vielfalt der Wieseninsekten, sah Spinnen zu, wie sie ihre Radnetze bauten, und beobachtete Waldschmetterlinge wie den Kaisermantel, die es in der Gartenlandschaft, in der wir wohnten, nicht gab. Auf alten Baumstümpfen am Rande der Wiese sonnten sich Bergeidechsen, und von oben drang der Gesang der Goldammer zu mir herab. Auf einem alten Stapel liegen gebliebener Fichtenstämme erbeutete ich unter heftigem Herzklopfen die erste Schlingnatter meines Lebens, eine harmlose kleine Schlange, die sich vor allem von Eidechsen ernährt. Am nördlichen Ende der Wiese wuchsen Heidekraut und Silbergras. Hier fing sich die meiste Sonnenwärme, sodass die Nadeln und Zweige der Fichten in der Sommerhitze nur so knackten und der Geruch der dabei austretenden ätherischen Öle die Luft erfüllte. Hier huschten, wenn es nicht zu heiß war, Zauneidechsen durchs Gras. Und hier ragten die meisten Waldameisenhaufen aus dem Boden, halb im Wald, halb auf der Wiese gelegen.

Wenn ich im Vorfrühling auf die Heuschreckenwiese ging, obwohl es um diese Jahreszeit natürlich noch keine Heuschrecken zu fangen gab, beobachtete ich manchmal ein ganz besonderes Schauspiel. An der zur Wiese zeigenden Seite der Ameisenhügel saßen ihre Bewohner dicht an dicht gedrängt, wie ein schwarzer Teppich, in der Sonne. Bei genauem Hinschauen erkannte ich, dass der Ameisenteppich in Bewegung war. Eine schwarze, unruhige Schicht aus Insektenleibern waberte hin und her. Alles passierte in Zeitlupe, und ich konnte mir keinen rechten Reim darauf machen. Was da genau vor sich ging, erfuhr ich erst mehr als drei Jahrzehnte später, durch die Recherchen für unseren Film *Mythos Wald*. Dass sich nämlich die Waldameisen in der Frühlingssonne aufwärmen, ins Bauinnere flitzen, um dort die Wärme abzugeben, bevor sie wieder an der Oberfläche erscheinen, um sich erneut aufzuheizen. Winzige Solarkraftwerke auf sechs Beinen sozusagen.

Auch wenn ich als Knabe vieles in der Natur nicht

so richtig deuten konnte, machte ich doch eine Menge Entdeckungen, die sich später als präzise Beobachtung herausstellten. Dazu gehörte die Erkenntnis, dass es viel weniger reine Waldtiere gab und umgekehrt auch viel weniger ausgemachte Wiesentiere, als es in meiner Sammlung naturkundlicher Kinderbücher zu lesen war. Die Heuschreckenwiese war ganz offensichtlich so reich gesegnet mit den verschiedensten Tierarten, weil sie an einen Wald grenzte, weil in ihrer Mitte die vier alten Eichen standen und weil hier und da Wildrosen und andere Sträucher auf ihr wuchsen. Ohne Stapel von Baumstämmen, die am Rande der Wiese lagen, ohne alte Baumstümpfe und anderes Totholz gäbe es auf dieser Wiese keine Reptilien, weniger Käfer und andere Insekten und deswegen auch weniger Vögel. Sicher kämen ohne die Nähe des Waldes auch weniger große Tiere wie Dachs, Fuchs, Wildschwein und Reh zu Besuch auf die Wiese. Tiere, die ich damals noch für groß hielt. Ich ahnte im Alter von elf Jahren nicht, wie riesig manche Tiere waren, die einst hierzulande lebten und die noch immer existieren würden, wären sie nicht vor Jahrhunderten aus Gründen, die wir später noch betrachten werden, vom Erdboden verschwunden; kurz: was für ein Kosmos sich beim Thema »Großtiere und Wiese« einmal für mich eröffnen würde.

Dreißig Jahre später, kurz vor dem Jahrtausendwechsel, lief der erste Tierfilm im Fernsehen, der meinen Namen als Regisseur und Kameramann trug. Die

Geburtsstunde von Nautilusfilm. Kurz darauf spülte der Zufall die werdende Naturfilmfirma nach Dorfen, an das Ufer des Flüsschens Isen, 50 Kilometer östlich von München. Auf einem Vortragsabend hatte ich den Fisch- und Tierfotografen Andreas Hartl kennengelernt, der bald zu einem wichtigen Wegbegleiter werden sollte. Andreas kennt sich in der heimischen Natur unheimlich gut aus, und er dürfte bis heute der einzige Mensch sein, der den größten Teil der heimischen Fischarten in allen Entwicklungsstadien beobachtet und fotografiert hat, vom Ei bis zum erwachsenen Tier. Der Fischfotograf vermittelte uns das seinerzeit leerstehende Bauernhaus, in dem wir heute leben und arbeiten.

Eine mindestens ebenso glückliche Fügung sorgte kurz darauf dafür, dass meine Frau Melanie in die Dienste der noch jungen Tierfilmschmiede und damit in mein Leben trat. Der kleine Hof beherbergt seither unsere Familie, die Filmfirma und zahlreiche Tiere; große Tiere im Vergleich zu früher. Darunter mehrere Hunde, Esel und Ponys. In der Vergangenheit gab es immer wieder auch ausgefallene Pfleglinge: So lernten hier mehrere Kolkraben das Fliegen, und in der Scheune tummelten sich per Hand aufgezogene Steinmarder. Ein Wildschwein namens »Schweini« gehörte zur Familie und war sogar, zumindest anfangs, im Wohnzimmer anzutreffen. Schweini hatte zwar ein 150 Quadratmeter großes Gehege mit einer Suhle und einer mit Stroh ausgepolsterten Hütte. Da das ehemalige Flaschenkind zahm wie ein Hund war, durfte es nach dem täglichen Spaziergang immer noch alleine herumstromern, bis der Hunger den 120-Kilo-Koloss nach Hause und in sein Gatter trieb. Aus Schweinis Sicht war ich die »Leitbache«, und so konnte ich ohne Leine mit dem Borstenvieh das Grundstück verlassen. In der Luft über mir ein Kolkrabe, der auf Zuruf herabtrudelte, um sich auf meinem Arm sitzend einen Futterbrocken abzuholen, irgendwo neben mir im hohen Gras das Wildschwein, das auf Pfiff mit einem tiefen Grunzer antwortete; so erkundete ich meine neue Umgebung.

Auf den Exkursionen durch das Isental konnte ich die Landschaft um meinen Wohnort im Verlauf der Jahreszeiten gut beobachten, da ich die gleichen Flächen immer wieder zu Gesicht bekam. Ich interessierte mich besonders für die Wiesen, schon weil ich als Kind so viel Zeit in diesem Lebensraum zugebracht hatte – nicht nur auf der großen Heuschreckenwiese im Wald.

Die Wiesen hier waren anders als die Wiesen meiner Kindheit. Zwar blühte es auf ihnen im Frühling üppig, und es roch herrlich nach Gras und Honig. Aber es gab kaum Heuschrecken und andere Insekten zwischen den Halmen, und es gaukelten nur wenige Schmetterlinge darüber. Irgendwie wirkten die meisten Wiesen in meiner Nachbarschaft wie ausgestorben. Warum, das würde ich in den folgenden Jahren ergründen.

Da unser Bauernhof einige Jahre leer gestanden hatte, wurden auch die dazugehörigen Flächen nicht bewirtschaftet. Das Haus ist zu allen Seiten von Grünland umgeben, und weil hier mehrere Jahre hindurch nicht gemäht worden war, lag eine verfilzte Schicht aus abgestorbenen Gräsern und anderen Pflanzen auf den Wiesen. An manchen Stellen wuchsen bereits kleine Bäumchen. So baten wir einen Landwirt aus der Nachbarschaft um Hilfe und begannen diese Flächen zu mähen. Ich stieß auf Unterlagen aus den 1980er Jahren, in denen die Pflanzenarten aufgelistet waren, die auf einer unserer Wiesen einstmals wuchsen. Sie waren vor vielen Jahren bei Untersuchungen für den Ausbau der Autobahn A94 durch das Isental angelegt worden. Und da staunte ich nicht schlecht: Lauter Gewächse waren da genannt, die ich als Raritäten kannte, wie das Scheidige Wollgras, und andere, von denen ich noch nie gehört hatte, etwa der höchst seltene Kriechende Scheiberich.

Ich nahm die Wiesen, die zu unserem Haus gehörten, daraufhin genauer unter die Lupe und stellte schnell fest, welche die – ökologisch betrachtet – wertvollste war. Es war eine Kohldistel-Fuchsschwanz-Wiese, benannt nach zwei charakteristischen Pflanzenarten feuchter, nährstoffreicher Böden: der bei Insekten überaus beliebten Kohldistel mit ihren bleichgelben Blütenständen und dem Wiesen-Fuchsschwanz, ein Gras, das leicht zu erkennen ist an seinen kompakten zylindrischen Ähren, die es in mehr als einem Meter Höhe über den anderen Gräsern und Blumen trägt und die eher zu dünn geratenen Zigarren ähneln als Fuchsschwänzen. In dieser

Wiese gab es auch eine Menge bunte Farbtupfer wie den violett blühenden Wiesen-Storchschnabel, den Scharfen Hahnenfuß, den ich aus meiner Kindheit unter dem Namen Butterblume kannte, und die Kuckuckslichtnelke mit ihren fransigen, pinkfarbenen Blüten.

Die schönste Entdeckung aber war ein kleiner Bestand des Großen Wiesenknopfs. Eine hochwüchsige, aber unscheinbare Pflanze mit kugeligen, weinroten Blütenköpfchen, in denen dicht gedrängt viele kleine Einzelblüten sitzen. Einst dürften die Wiesen, die sich bei uns im Tal bis zum Horizont erstreckten, voller Wiesenknopf gewesen sein. Historische Fotografien und Erzählungen von Alteingesessenen berichten von diesen Wiesenlandschaften im Isental, in denen viele Paare des Großen Brachvogels brüteten, überall Kiebitze ihre Gelege hatten und unzählige Feldlerchen über ihren grasigen Revieren tirilierten. Auch das Braunkehlchen gehörte einst zu den häufigen Brutvögeln in den Wiesen jener Zeit. Mir war also bewusst, dass meine Wiesenknopfwiese etwas Besonderes war.

Die Bauern, die diese Wiese über so lange Zeit gepflegt hatten, als unser Hof noch bewirtschaftet wurde, waren sicher nicht darauf aus, Lebensräume für Schmetterlinge und Heuschrecken zu schaffen. Sie wollten Grünfutter und Heu für ihr Vieh ernten. Aber zu Zeiten, in denen es noch keinen Kunstdünger gab und nur gelegentlich der Mist aus dem Stall aufs Grünland gefahren wurde, ließen sich die Wiesen nur zweimal im Jahr abernten, also mähen. Mehr Pflanzenwachstum gaben die verfügbaren Nährstoffe im Boden nicht her. Außerdem war es nicht so leicht wie heute, eine Wiese zu drainieren, sodass wohl auch bei meiner Wiese oft erst gewartet werden musste, bis der Boden im Frühjahr trocken genug war. Dies alles führte dazu, dass die unterschiedlichen Gräser und Kräuter bis zum Schnittzeitpunkt nicht nur Blüten entwickeln konnten. Es gab genügend Insekten, um die Blüten zu bestäuben, aus denen sich vor dem Mahdtermin reife Samen entwickeln konnten. Beim Mähen und dem anschließenden Heuwenden fielen dann die Samen aus der trocknenden Pflanzenmasse heraus und blieben auf dem Wiesenboden liegen, wenn das trockene Heu abtransportiert wurde. Die nächste Generation von Gräsern und Kräutern war gesichert.

Obwohl es auf unserem Grund auch einen Weiher und ein paar Amphibientümpel gibt, am Rande ein galeriewaldbestandenes Bächlein plätschert und wir schon bald nach dem Einzug blühende Feldgehölze und einen Trockenhang für Eidechsen angelegt haben, ist die Feuchtwiese doch von Anfang an mein persönliches »Heiligtum« gewesen, die Fläche auf unserem Grund, der ich die meiste Aufmerksamkeit schenke, die ich hege und pflege. Sie liegt etwas tiefer als der umliegende Grund und saugt sich nach Regenfällen förmlich mit Wasser voll. Nach ergiebigen Niederschlägen bilden sich Pfützen, die manchmal wochenlang bestehen. Darin tummeln sich dann Ruderfußkrebschen, Wasserflöhe und sogar Köcherfliegenlarven. Das wiederum zieht Bekassinen und andere Schnepfenvögel an, die bei uns Rast machen und dann über Tage oder Wochen gerne in diesen Pfützen herumstochern, um sich den Bauch vollzuschlagen.

Sicher war diese Wiese für das kinderlose Landwirtsehepaar, das bis in die 1980er Jahre unseren kleinen Hof bewohnte, ein Ärgernis, weil zu nass und zu schwer zu bewirtschaften. Aus meiner Sicht allerdings sieht die Sache ganz anders aus: Wenn ich durch die knapp einen Hektar große Fläche streife, springen Heuschrecken in alle Richtungen davon. Überall sitzen kleine Zikaden, fliegen Wildbienen und Fliegen herum, es gibt Wanzen in den unterschiedlichsten Farben und viele bunte Tagfalter.

Unter ihnen fiel mir anfangs gleich ein Vertreter der Bläulinge auf, wenn auch kein ausgesprochen prächtiger. Die Flügelfarbe oberseits braunblau, unterseits eher grau, mit einer Reihe unscheinbarer Punkte. Es handelt sich um den »Dunklen Wiesenknopf-Ameisenbläuling«. Nicht gerade eine geschmeidige Wortkonstruktion, verglichen mit Namen wie »Admiral«, »Kaisermantel« oder »Segelfalter«. Aber hinter dem sperrigen Namen verbirgt sich eine Schmetterlingsrarität, eine sogenannte Rote-Liste-Art. Obwohl der Bläuling einst zu den häufigsten Faltern überhaupt gehörte, zumindest hier im Isental.

Bereits im ersten Sommer, nachdem wir ins Isental

gezogen waren, beobachtete ich mehrere Wiesenknopf-Ameisenbläulinge. Mir wurde klar, dass es sich um eine kleine Population handelte, die bei uns wie auf einer Insel überdauert hat. Ich erkundigte mich nach den Ansprüchen des Ameisenbläulings an seinen Lebensraum und machte mich mit seiner Biologie vertraut. Ich lernte, dass er zwingend an das Vorkommen des Großen Wiesenknopfs gebunden ist, also an die besagte hochwüchsige Pflanze mit den weinroten Blüten. Außerdem, so las ich, ist der Falter genauso zwingend auf einen Mitbewohner in der Feuchtwiese angewiesen: die Rote Knotenameise. Nur auf dem Wiesenknopf legt der Falter seine Eier ab, und für seine Raupen ist in den ersten Lebenstagen das Innere der Wiesenknopfblüten die alleinige Diät. Dann werden die winzigen, ebenfalls weinrot gefärbten Räupchen zu Killern. Sie seilen sich aus ihren Kinderstuben in schwindelnder Höhe ab und lassen sich auf den Wiesenboden fallen. Dort warten sie, bis sie von den Arbeiterinnen der Knotenameisen entdeckt werden. Sie leiten die Ameisen mit einer chemischen Tarnkappe in die Irre, gaukeln den Arbeiterinnen vor, sie seien ihr Nachwuchs.

Die Ameisen, für die so eine kleine Raupe normalerweise nicht mehr ist als ein Häppchen, tragen die wohlriechende Bläulingslarve in ihren Bau und deponieren sie in der Larvenkammer. Hier hat die Schmetterlingsraupe nun viel Zeit, um die Ameisenbrut aufzufressen und sich bis zum nächsten Frühjahr zu einem erwachsenen

Ameisenbläuling zu entwickeln. Und das alles in meiner »heiligen Wiese«! Ich war von dem betrügerischen Verhalten und der komplizierten Biologie des Falters fasziniert und spürte auch die Verantwortung für dieses offensichtliche Relikt-Vorkommen auf unserem Grund. Ein Überbleibsel aus einer Zeit, als das Isental von Feuchtwiesen bedeckt war und Millionen von Dunklen Wiesenknopf-Ameisenbläulingen nebst vielen anderen, heute zu Raritäten gewordenen Schmetterlingsarten die Luft bevölkerten.

Der Wiesenknopf-Ameisenbläuling sollte für mich in den kommenden Jahren eine ganz besondere Rolle spielen, und meine Frau und ich würden Dinge für ihn tun, die man normalerweise nicht für einen kleinen Schmetterling und eine unrentable, feuchte Wiese tut.

KAPITEL 2

Das Verschwinden der Farben

Wiesen werden ganz allgemein auch »Grünland« genannt. Diese passende und zugleich unpassende Bezeichnung ist der Fachausdruck für eine landwirtschaftlich genutzte Fläche, auf der Kräuter und Gräser in Dauerkultur gedeihen. Der Begriff ist einerseits treffend, weil er klarmacht, dass diese Flächen ganzjährig grünen, also zu jedem Monat im Jahr ein dichtes Pflanzenkleid tragen, im Gegensatz zum Acker. Unpassend andererseits, weil er nicht berücksichtigt, dass kein anderer heimischer Lebensraum eine solche Farbenvielfalt beherbergt wie die Wiese.

Je nach Standort, Klima und Nutzung gibt es in Deutschland gut 60 unterschiedliche sogenannte »Grünland-Biotoptypen«, also historisch entstandene Wiesenarten. Mähwiesen machen den einen Teil des Grünlandes aus, Tierweiden den anderen. Wiese ist jedoch nicht gleich Wiese und Weide nicht gleich Weide – es gibt eine große Bandbreite, was den Artenreichtum betrifft. So beherbergen etwa Kalkmagerrasen, die nicht gedüngt werden und in leichter Hanglage voll der Sonne ausgesetzt sind, trotz des Namens ein Vielfaches an Tieren und Pflanzen gegenüber jenen Wiesen, die gedüngt werden und eher schattig liegen. Wir werden noch sehen, woran das genau liegt. Nur so viel: Ganz offensichtlich sind die meisten Pflanzenarten in der Wiese an magere Verhältnisse angepasst, sind Spezialisten für eine Art Mangelwirtschaft. Einst herrschte in der Natur eine große Konkurrenz um die verfügbaren Nährstoffe, besonders im Lebensraum Wiese. Das hat sich grundlegend geändert. Doch davon später.

Jedenfalls hat ein Drittel aller heimischen Farn- und Blütenpflanzen, weit über tausend Arten, ihr Hauptvorkommen auf Wiesen und Weiden. Das große Spektrum an Pflanzen wiederum bietet die Grundlage für eine ebenfalls vielfältige Fauna. Rund 3500 Tierarten sind in unseren Wiesen zu Hause, darunter farbenprächtige Käfer, Heuschrecken, Zikaden, Schmetterlinge, Bienen, Hummeln und Ameisen. Es gibt sogar Schnecken, die ausschließlich in Wiesen leben, und viele andere Tiere mit teils merkwürdigen Namen: Springschwänze, Beintastler und Afterskorpione etwa. Wiesen haben darüber hinaus eine große Bedeutung für eine ganze Reihe Vogelarten, die ihre Nester am Boden zwischen Gräsern und Kräutern bauen. Und viele Tiere, wie Reh und Hirsch, sind zwar keine Wiesentiere im engeren Sinne, nutzen diesen Lebensraum aber regelmäßig, sodass ihre Welt nicht vollständig wäre ohne Wiese. Das Bundesamt für Naturschutz hat Zahlen veröffentlicht, nach denen mehr als ein Drittel der bedrohten Farn- und Blütenpflanzen im Grünland zu finden ist. Die Bedeutung dieses Lebensraumes für die Artenvielfalt ist also offenkundig. Doch genug der Zahlen und Prozentangaben!

Das gerne einmal dahingeseufzte »Früher war alles besser« stimmt ja nur ganz selten. Aber im Hinblick auf das Grünland kann man den Satz durchaus so stehen lassen; natürlich nur, wenn man kein Landwirt ist, sondern Ökologe beziehungsweise Naturschützer. Oder Tierfilmer. Alle Statistiken besagen, dass es früher viel mehr Wiesen bei uns gab und wesentlich mehr Tiere, die in diesen Wiesen lebten. Die vielzitierte Biodiversität, also Artenvielfalt, war noch im letzten Jahrhundert viel größer als heute.

Zwar ist bis heute nicht viel mehr als ein Prozent der heimischen Pflanzen ausgestorben. Aber etwa ein Drittel steht auf der Roten Liste, das heißt, diese einst oft weitverbreiteten Arten kommen nur noch in kleinen Restgebieten vor. Aus der Fläche sind sie verschwunden, so wie der Große Wiesenknopf, der einst in dem Tal, in dem ich mit meiner Familie lebe, millionenfach wuchs und den man heute mit der Lupe suchen muss. Und von den Pflanzenarten in der Wiese hängen zahllose Tierarten ab.

Felder und Wiesen wurden früher nicht nur extensiv, das heißt *mit geringem Einsatz von Arbeitskraft und Kapital* und ohne Chemie bewirtschaftet. Die Schläge, wie man ein bewirtschaftetes Flurstück auch nennt, waren zudem viel kleiner. Die Landschaft hatte ein stark parzelliertes Gesicht. Das Isental zum Beispiel, ich habe es schon erwähnt, war vor hundert Jahren ein schier endloses Wiesengebiet, in dem Brachvögel, Kiebitze, Feldlerchen, Braunkehlchen, Wiesenpieper und Wachtelkönige brüteten. Doch der Talraum war nicht etwa von einer einzigen großen Wiese bekleidet, die sich von Ost nach West entlang des Flüsschens mit dem keltischen Namen Isen (Isana – »die schnell Fließende«) erstreckte. Es waren Hunderte, wenn nicht Tausende Parzellen.

Die meisten der eher feuchten Wiesen hatten damals, soweit man das auf alten Schwarz-Weiß-Fotografien erkennen kann, eine relativ ähnliche Ausstattung an Pflanzenarten. Hier mag es mehr Knabenkräuter gegeben haben, dort mehr Trollblumen. Und wahrscheinlich lebten auch überall die gleichen, typischen Tierarten des nährstoffarmen, vom Grundwasser beeinflussten Grünlandes: neben den erwähnten Vögeln zum Beispiel Sumpf- und Goldschrecke, der bereits erwähnte Wiesenknopf-Ameisenbläuling oder der Randring-Perlmutterfalter.

Bis zum Einzug der Maschinen in der Landwirtschaft war es kaum möglich, große Flächen zu bewirtschaften. Noch heute ist auf dem Land der Begriff »Tagwerk« gebräuchlich. Das Flächenmaß ist seit 1869 offiziell nicht mehr gültig, veranschaulicht aber sehr schön, wie hart die körperliche Arbeit in der Landwirtschaft einst war. Ein Tagwerk entspricht grob einem Drittel Hektar (1 Hektar umfasst 10 000 Quadratmeter); viel mehr war an einem Tag samt Ochsengespann nicht zu schaffen.

Zwischen benachbarten Wiesen gab es damals Grenzsäume, die nie gemäht wurden. Hie und da wuchsen Einzelgehölze, Hecken oder Baumgruppen. Eine Reihe von Tierarten ist auf solche Saumstrukturen angewiesen. In einer Wiese können beispielsweise nur jene Insekten existieren, die ihre Eier nahe am oder im Boden ablegen. Denn wenn gemäht und das Pflanzenmaterial abtransportiert wird, gehen natürlich auch alle Vermehrungsstadien wie Eier oder Puppen verloren, die an Halmen oder Blättern angeheftet waren. Ist die Wiese aber von Altgrasstreifen gesäumt, die gar nicht gemäht werden, können solche Arten dort überdauern und im nächsten Frühjahr in die erneut wachsende und blühende Wiese einwandern. Einige Arten brauchen beides, Gehölze und Grünland. Neben Singvögeln, die in der Wiese ihre Nahrung suchen und im Dornbusch brüten, gehören zum Beispiel auch Zikaden zu dieser Gruppe.

Der Ökologe und Zikadenforscher Herbert Nickel konnte nachweisen, dass auf alten, extensiven Weiden mehr als zehnmal so viele Zikadenarten leben wie in gemähten Naturschutzwiesen! Ähnliches lässt sich auch für viele andere Tiergruppen belegen. Obwohl in beiden Fällen die Vegetation auf einer landwirtschaftlichen Fläche kurzgehalten wird, scheint es einen großen Unterschied zu machen, ob ein Mähwerk zum Einsatz kommt oder die Mäuler von Rindern, Pferden, Ziegen und anderen. Warum das so ist, wird uns im nächsten Kapitel beschäftigen. An dieser Stelle will ich nur davon berichten, warum die Bewirtschaftung der Heuwiesen vor 100 Jahren so viel artenreichere Wiesen hervorbrachte als heute.

Die Kleinteiligkeit der landwirtschaftlichen Flächen garantierte das Überleben vieler Tiere, denn es wurden niemals alle Wiesen gleichzeitig gemäht. So konnten sich viele Tiere vor landwirtschaftlichen Arbeiten in Nachbarwiesen retten oder, wie die Brachvögel, in noch ungemähten Wiesen ihre schutzbedürftigen Küken verstecken und auf den gemähten Flächen nach Nahrung suchen. Die Aufteilung der Landschaft in kleine Parzellen hat aber noch einen weiteren positiven Effekt für die Tier- und Pflanzenwelt.

Viele Tierarten, die in der Wiese leben, sind stark spezialisiert. Nehmen wir als Beispiel den Dunklen Wiesenknopf-Ameisenbläuling, der in meiner »heiligen Wiese« vorkommt und sonst rings um unseren Wohnort ausgestorben ist. Im letzten Kapitel habe ich die Biologie des kleinen Schmetterlings mit dem Wortungetüm als Namen bereits kurz beschrieben. Der Falter braucht vor allem zwei Dinge: blühende Wiesenknopfpflanzen während seiner dreiwöchigen Flugzeit im Juni und Knotenameisen, die im Kellergeschoss der Wiese wohnen und hier ihr Jagdrevier haben. Fehlt eines, stirbt der Bläuling sofort aus. Ameisen und Wiesenknopfpflanzen gibt es wiederum nur, wenn ihre Ansprüche erfüllt sind, das heißt, wenn die Wiese nicht entwässert oder gedüngt und auch nicht immer ganz ordentlich gemäht wird. Denn Knotenameisen haben ihre Nester gerne im Schatten von ein paar abgestorbenen Stängeln, die am Boden liegen. Auf einer Heuwiese, wie sie im Isental und andernorts bis vor wenigen Jahrzehnten Standard war, passen die Bedingungen für Ameise, Wiesenknopf und Bläuling gleichermaßen. Aber so eine Dreiecksbeziehung mit derart empfindlichen Protagonisten wird schnell aus den Angeln gehoben.

Früher wurde der erste Wiesenschnitt im Juni gemacht. In den Wiesen ist dann, kurz vor der Blüte der Gräser, das Verhältnis von Masse und Energiegehalt am besten. Die Heuernte auf einem Bauernhof konnte sich gut und gerne zwei Wochen oder länger hinziehen. Es gab ja noch keine Maschinen, mit denen große Schläge in kurzer Zeit bearbeitet werden konnten. Für die Bauern war das Heumachen äußerst mühsam. Noch vor Sonnenaufgang, üblicherweise ab drei Uhr nachts, rückten ganze Familien an, um mit der Sense die noch feuchte Wiesenvegetation zu schneiden. Am frühen Morgen kam die Heumagd mit einem deftigen Frühstück. Anschließend wurde das geschnittene Gras den ganzen Tag über in der

Sonne mit Heugabeln gewendet. Hunderte kleiner Wiesenflächen wurden also zeitlich versetzt gemäht. Frisch gemähte lagen neben ungemähten und solchen, die bereits vor Tagen gemäht worden waren und von denen das trockene Heu bereits abtransportiert wurde. Perfekt für Wiesenvögel und andere Tiere!

Eine solche Bewirtschaftung mit der ersten Mahd im Juni ist das Richtige für den Ameisenbläuling. Der flattert zwischen Mitte Juli bis Mitte August über die Feuchtwiese, wenn der Wiesenknopf nach dem ersten Schnitt wieder nachgewachsen ist, legt seine Eier auf die noch geschlossenen Blütenstände, und die nächste Faltergeneration macht sich auf den Weg, wie im letzten Kapitel beschrieben.

Wurde in »normalen Jahren« Mitte Juni gemäht, konnten sich Wiesenknopf, Bläuling und Knotenameise normal entwickeln, nachdem die Bauern ihr Heu eingefahren hatten. Falterbiologie und die Art und Weise der Bewirtschaftung passten also zusammen. Nun ist ausgerechnet der Juni aber hierzulande in der Regel der niederschlagreichste Monat des Jahres. War es besonders regnerisch, verschoben die Landwirte den Zeitpunkt der Heuernte nach hinten, aus Sorge um das Winterfutter für ihr Vieh. Denn selbst leicht feuchtes Heu wird schnell von Schimmelpilzen befallen und gefährdet dann die Gesundheit der Kühe im Stall, wenn es überhaupt gefressen wird. Der eine Bauer war vielleicht mutiger, ein anderer weniger. So fand der erste Schnitt also mitunter im Juli statt oder sogar erst im August. Mit fatalen Folgen für den Ameisenbläuling! Denn dann hatte der Wiesenknopf, auf den der Falter ja auf Gedeih und Verderb angewiesen ist, keine Chance, weit genug nachzuwachsen, um Blütenköpfchen ausbilden zu können, die als Eiablageplätze dienen.

Aber solche gelegentlichen Einbrüche sind nicht der Grund dafür, dass der Ameisenbläuling seltener wurde. Es gab ja genügend Wiesen, in denen sich die Insekten vermehrten. Hatten auf der einen Wiese die Bläulinge in einem Jahr mal keinen Nachwuchs, dann hatten sie ihn eben auf einer anderen Wiese in der Nachbarschaft. So war die Wiederbesiedelung einer Fläche, auf der die Falter durch einen unpassenden Mahdtermin verschwunden waren, garantiert.

Auf meiner »heiligen Wiese« vor dem Haus habe ich dasselbe Problem. Manchmal ist der Juni verregnet und eignet sich einfach nicht zum Heumachen. Allerdings kann ich nicht auf Heuwetter warten, denn wenn ich zu spät mähe und die Bläulinge, die im Juli aus den Ameisennestern im Boden schlüpfen, keine Wiesenknopf-Blütenstände für die Eiablage finden, stirbt die Art bei mir aus. Da es aber um unseren Grund herum weit und breit keine Wiesenknopf-Wiesen mehr gibt, von denen aus unsere Fläche wiederbesiedelt werden könnte, hängt »meine« Wiesenknopf-Ameisenbläulingspopulation auf Gedeih und Verderb vom richtigen Mahdtermin ab.

Viel früher als Mitte Juni will ich aber auch nicht mähen, weil bis dahin andere Tiere und Pflanzen in der Wiese ihren Entwicklungszyklus noch nicht abgeschlossen haben. Beispielsweise sind dann die Samen des Klappertopfs noch nicht reif. Das ist ein Halbschmarotzer, der zwar selbst Blattgrün besitzt, aber zusätzlich Graspflanzen anzapft und Nährstoffe abzweigt. Der Klappertopf verfügt nur über ein verkümmertes, eigenes Wurzelwerk. Dafür bildet er sogenannte Saugwarzen aus, mit denen er an seinen Nachbarpflanzen andockt und ihnen Wasser und Nährstoffe entzieht. Der Klappertopf ist einjährig, überdauert den Winter also nicht als Kraut oder Wurzel, sondern ausschließlich als Samenkorn, aus dem im kommenden Jahr wieder eine Klappertopfpflanze wird. Würde ich meine Wiese auch nur ein einziges Mal mähen, bevor der Klappertopf Samen bilden konnte, wäre diese Art auf meiner Wiese mit einem Schlag verschwunden. Und es gibt noch viele andere Beispiele für solch komplexe Abhängigkeiten zwischen den einzelnen Arten und zwischen den Lebewesen auf einer Wiese und der Art und Weise der Bewirtschaftung.

Wiesenbrütende Vögel sind nicht vor Juni fertig mit der Jungenaufzucht. Sollten eines Tages etwa Braunkehlchen in meiner Feuchtwiese brüten, wäre ihr Nachwuchs in Gefahr, wenn ich bereits vor Mitte Juni mähen würde. Zwar ist das Braunkehlchen in unserer Gegend schon länger nicht mehr zur Brutzeit beobachtet worden. Aber jedes Jahr im April, während des Vogelzuges, sitzen ein Männchen und ein Weibchen auf den Zaunpfosten am Rand unserer Bläulingswiese und machen Rast. Manchmal mehr als eine Woche lang. Nistende Braunkehlchen in meiner Wiese – das wäre der Ritterschlag! Doch die Bodenbrüter mit der rauen Stimme haben schon viele Vogelfreunde und Naturschützer zum Narren gehalten, weil sie auf dem Zug in ihre Brutgebiete in Nordeuropa gerne als Paar unterwegs sind und oft lange Pausen einlegen, wo es ihnen gefällt.

Am Rande unserer Feuchtwiese stehen ein paar Kopfweiden und kleine Büsche. Eine angrenzende Fläche mähe ich überhaupt nie. Sie ist mit Mädesüß und anderen Hochstauden bewachsen, deren abgestorbene Stängel vom Vorjahr einen Krautverhau bilden, bis die Pflanzenschösslinge im Frühling wieder hindurchgewachsen sind. So sieht laut Vogelbuch das Nistrevier der Braunkehlchen aus! Reichlich Insektenfutter für die Jungen gäbe es bei uns auch. Aber diese Zeiten sind wahrscheinlich ein für alle Mal vorbei, zumindest in unserer Gegend. Viele Tierarten brauchen größere Lebensraumgefüge, damit es eine Auswahl an Standorten für das Nest gibt und sichergestellt ist, dass das Futter nie ausgeht. Letztlich ist unser Refugium wohl doch zu klein für solch anspruchsvolle Gäste. Und die Umgebung zu eintönig, biologisch verarmt.

Der Startschuss für den Niedergang der bunten Wiesen fiel im Sommer 1953, als das Flurbereinigungsgesetz erlassen wurde. Der Staat begann den häufig zersplitterten Grundbesitz im Tauschverfahren zusammenzulegen, um das Arbeiten in der Forst- und Landwirtschaft zu erleichtern. Gleichzeitig wurden Erschließungsmaßnahmen durchgeführt, etwa Wege in Wiesengebiete gebaut, die vorher vielleicht nur durch schmale Holperpfade zu erreichen gewesen waren. Hecken wurden beseitigt, Bäche begradigt, Wiesen entwässert, sprich: die Landschaft »auf Vordermann gebracht«. In dieser Zeit hielten auch motorisierte Schlepper und immer mehr Maschinen in der Landwirtschaft Einzug und der Kunstdünger. Von da an ging es mit dem Grünland – wohlgemerkt in ökologischer Hinsicht – steil bergab. Schon die immer größere Einheitlichkeit war ein Nachteil für viele Arten. Artenvielfalt ist immer da am höchsten, wo Strukturreichtum existiert. Tiere, die große und monotone Lebensräume brauchen, sind die Ausnahme.

Das Pflegekonzept der Wiesen, die oft über Jahrhunderte nur zweimal im Jahr gemäht und kaum gedüngt worden waren, änderte sich radikal. Immer mehr mineralische und organische Dünger kamen zum Einsatz, und weil die Wiese damit schneller und stärker wuchs, wurde zunächst drei, bald vier, fünf und heute sogar sechs Mal im Jahr gemäht. Kein Insekt, keine Spinne, kein Vogel kann da mithalten. Auf jeder der intensiv bewirtschafteten Wiesen waren im Nullkommanichts fast alle Tiere und die meisten Pflanzen verschwunden.

In den nächsten Jahrzehnten sollte es noch dicker

kommen. Selbst die »chemische Keule« machte vor den Wiesen nicht mehr halt. Landwirtschaftliche Beratungsdienste empfehlen bis heute die Bekämpfung von Wiesenschaumkraut, Spitzwegerich, Kohlkratzdisteln und vielen anderen Kräutern ab einem bestimmten Anteil im Schnittgut. Es ist auch üblich, leistungsfähige Gräser in bestehenden Wiesen nachzusähen und im – ökologisch – schlimmsten Fall alle Wiesenpflanzen abzutöten und mit wirtschaftlicheren Grasarten neu einzusäen.

So rät beispielsweise die Bayerische Landesanstalt für Landwirtschaft (LfL) auf ihrer Internetseite, die Neusaat auf Grünlandflächen anzuwenden, »wenn minderwertige, wenig ertragsreiche und kampfkräftige Gräser im Pflanzenbestand einen Anteil von über 50 Prozent einnehmen oder die Verunkrautung so hoch ist, dass sie mit mechanischen oder chemischen Bekämpfungsmaßnahmen kombiniert mit Nachsaat nicht mehr in den Griff zu kriegen ist«. Zwar fordert die LfL, die Maßnahme auf Verträglichkeit mit Bestimmungen und Förderprogrammen zu prüfen, führt aber anschließend aus: »Zum Abtöten der Altnarbe sind Glyphosat-Mittel (z. B. Roundup) mit 4 l/ha zugelassen …« Auch in anderen Bundesländern, von Baden-Württemberg bis Mecklenburg-Vorpommern, werden ähnlich lautende Empfehlungen abgegeben. Die Verwendung von Totalherbiziden, die den gesamten vorhandenen Pflanzenbestand absterben lassen, der sich vielleicht über Jahrhunderte entwickelt hat, ist also durchaus Praxis.

In den 1970er Jahren gab es noch mehr als eine Million landwirtschaftliche Betriebe in Deutschland. Heute ist noch ein Viertel davon übrig. Der zunehmende Überlebenskampf der Höfe zwang und zwingt die Landwirte, immer wieder zu investieren und zu intensivieren. Man muss sich also nicht erst mit der Biologie des Dunklen Wiesenknopf-Ameisenbläulings beschäftigen, um zu erkennen, warum die modernen Wirtschaftswiesen so artenarm sind. Der Wunsch der Landwirte nach mehr Ertrag ist verständlich, und für viele Betriebe ist es eben eine Überlebensfrage, ob aus den vorhandenen Flächen mehr herausgeholt werden kann oder nicht. Aber trotz Verständnis für alle Sachzwänge und die Umstände des Einzelfalles: Das Ausmaß der Veränderungen auf unseren Wiesen gibt Anlass zu großer Sorge. Kein anderer Lebensraum ist so schnell und so radikal von der Deutschlandkarte verschwunden wie die artenreiche Wiese.

Das belegen auch Zahlen des Bundesamtes für Naturschutz, veröffentlicht im »Grünland-Report« 2014. Momentan bewirtschaften gut eine Viertelmillion landwirtschaftliche Betriebe in Deutschland reichlich die Hälfte unseres Landes, davon etwa zwei Drittel als Acker und ein knappes Drittel als Grünland. Seit 1990 sind bundesweit etwa eine Million Hektar Grünland umgebrochen worden, das heißt, sie wurden in Ackerland umgewandelt – das entspricht einer Fläche, die etwa halb so groß ist wie Sachsen. Der Flächenverlust ist aber nicht einmal das größte Problem! Zumal sich der Verlust an Wiesen durch Umwandlung in Ackerland bundesweit mittlerweile stabilisiert hat. Der Rückgang scheint in einigen Bundesländern sogar aufgehalten. Der Knackpunkt ist der Zustand der verbliebenen Wiesen.

Knapp ein Sechstel Deutschlands ist noch von Dauergrünland bedeckt. Klingt gut, ist es aber nicht – einmal mehr durch die ökologische Brille betrachtet, versteht sich. Denn die vielen Wiesen, an denen wir mit dem Auto oder dem Zug vorbeifahren, sind als Lebensraum für Tiere und Pflanzen praktisch wertlos. Einmal mehr sei hier das Bundesamt für Naturschutz (BfN) zitiert, das unlängst eine Zahl veröffentlicht hat, die die Situation auf den Punkt bringt: »98 Prozent«. Seit Mitte des letzten Jahrhunderts, also seit den 1950er Jahren, als mit einem Mal landauf, landab das Knattern der Traktoren zu hören war, ist der Anteil des sogenannten mesophilen Grünlands, also nicht zu stark gedüngter Wiesen mittlerer Feuchtigkeit, um mehr als 98 Prozent zurückgegangen.

Das BfN stützt sich dabei auf die Arbeiten des Vegetationskundlers Benjamin Krause von der Universität Göttingen. Der Wissenschaftler hatte Hunderte Vegetationsaufnahmen aus der Mitte des letzten Jahrhunderts mit aktuellen Erhebungen verglichen und konnte einen erheblichen Wandel und Schwund in der Artenzusammensetzung für das nördliche Deutschland nachweisen. Das heißt, die artenreichen Wiesen, die ab und zu mit Stallmist gedüngt und ein- oder zweimal im Jahr gemäht werden, sind gerade dabei, von der Landkarte zu verschwinden. Die klassischen Heuwiesen, voller singender Heuschrecken und Zikaden. Wiesen, über denen ein Dutzend oder mehr Schmetterlingsarten gaukeln. Wiesen, in denen hundert bunte Blumensorten um Bestäuber buhlen, in denen Braunkehlchen, Feldlerchen und Brachvögel brüten. 98 Prozent. *Achtundneunzig!* Mindestens. Die Zahl ist schon wieder ein paar Jahre alt, und möglicherweise beträgt der landesweite Verlust an bunten Wiesen in der Landwirtschaft mittlerweile 99 Prozent. Kein anderer Lebensraum ist in Deutschland auch nur annähernd so bedroht wie die Blumenwiese. Auch bei uns im Tal werden fast alle Wiesen regelmäßig gedüngt und mehrmals im Jahr geschnitten. Die wenigen Ausnahmen sind Teil besonderer Naturschutzprogramme, die wir später noch genauer betrachten werden. Aber die Zeiten, in denen es im Sommer talauf, talab zirpte, sind vorbei.

2017 hallte ein Alarmruf durch die Medien. Im Internet, in Tageszeitungen und sogar in Fernsehnachrichten wurde über das Insektensterben berichtet. Der Entomologische Verein Krefeld hatte Langzeitstudien ausgewertet und kam zu dem Ergebnis, dass drei Viertel der Fluginsekten weg sind. Verschwunden. Nicht nur auf landwirtschaftlich genutzten Flächen, sondern insgesamt, also auch in Schutzgebieten. Eine Hiobsbotschaft, wenn man bedenkt, welch wichtige Rolle die Insekten spielen, nicht nur als Bestäuber. Weniger Insektenmasse bedeutet auch weniger Nahrung für Fledermäuse und Vögel. Ein zentrales Glied in der Kette ist also schwer beschädigt!

In meiner Arbeit als Naturfilmer ist es mir immer darum gegangen, solche Zusammenhänge zu zeigen. So passte es zu diesen erschreckenden Nachrichten, dass wir gerade 2017 zwei Filme über Insekten, deren Verschwinden und deren Bedeutung für unsere heimische Artenvielfalt fertigstellten: einen über unsere Wildbienen, *Biene Majas wilde Schwestern*, und einen zweiten über heimische Schmetterlinge: *Kinder der Sonne – unsere Schmetterlinge*. Seit vielen Jahren brechen wir eine Lanze auch für die kleinen Tiere. Dank neuer Aufnahmetechniken lassen sich selbst Krabbeltiere gut in Szene setzen, und der früher häufig geäußerte Spruch unter Naturfilmschaffenden: »Insekten gehen gar nicht«, gilt heute nicht mehr. Kämpfende Hirschkäfer, Wildbienen, die Schneckenhäuser bewohnen, Fliegen, die Spinnen imitieren, leuchtende Pilzmücken, beinschleudernde Heuschrecken, fleischfressende und pflanzenvertilgende Schmetterlingsraupen und andere bemerkenswerte Vertreter der heimischen Insekten hatten erfolgreich ihren Auftritt in unseren Filmen. Nicht wenige waren zum ersten Mal überhaupt im Fernsehen zu sehen.

Unser Anliegen war es, die Zuschauer für die unglaublichen Anpassungen einzelner Arten zu begeistern, und seien sie auch noch so klein und auf den ersten Blick

unscheinbar. Nun, da das Schlagwort »Insektensterben«
überall zu hören und zu lesen war, stießen beide Filme
auf ungewöhnlich großes Zuschauerinteresse, und wir
wurden mehrfach eingeladen zu Filmvorführungen vor
Vertretern aus Naturschutz, Gesellschaft und Politik. Es
scheint, als ob das Thema inzwischen die Gesellschaft
bewegt. Politiker treten mit entsprechenden Programm-
men an die Öffentlichkeit. Aus allen politischen Lagern
ist die Forderung zu hören, etwas gegen das Insektensterben zu unternehmen. Allerdings hört man bis heute
wenig bis gar nichts von Konzepten, die den Insekten
im Land langfristig wieder bessere Bedingungen bieten
würden. Eine Bundesministerin verkündete, dass man
mit einem Millionenbetrag Blühstreifen anlegen wolle
als Nahrungsbiotop für Bienen. Da gehen dem Bürger
natürlich schöne Bilder durch den Kopf. Es stellt sich
allerdings die Frage, was Libellen, Heuschrecken, Wiesenvögel und andere davon haben. Denn ein Blühstreifen ist im Grunde genommen nur ein Blumenbeet im
Großformat und kein gewachsenes Stück Natur. Er sieht
schön aus und bietet blütenbesuchenden Insekten Nahrung. Viel mehr aber auch nicht.

Ein bayerischer Landtagsabgeordneter unterstrich
unlängst die Forderungen seiner Partei nach einem dritten Nationalpark für Bayern mit der Botschaft, dass
dort die Insekten eine Heimat fänden und dadurch das
Insektensterben gebremst würde. Die Idee eines weiteren Nationalparks unterstütze ich, unterstützt jeder

Naturliebhaber, uneingeschränkt. Doch den überregionalen Rückgang der Insekten kann so ein Schutzgebiet natürlich nicht aufhalten. Der Fortbestand der Sechsbeiner wäre innerhalb der Nationalparkgrenzen vielleicht gesichert. Aber dass die schiere Menge an Insekten im Land so stark zurückgegangen ist, wie in der Krefeld-Studie dargelegt, liegt weder in bestimmten örtlichen Gegebenheiten begründet, noch lässt es sich durch regionale Schutzbemühungen ändern.

Über das »Insektensterben« spricht man mittlerweile also auch in Kreisen, in denen Natur und Naturschutz nicht die vordergründigen Themen sind. Allerdings tritt die Umwelt schnell wieder in den Hintergrund, wenn andere wichtige Themen die Schlagzeilen füllen. Der politische Diskurs ist immer auch ein Wettbewerb der Aufreger. Wären die Zeiten politisch einfacher, ich hielte es fast für denkbar, dass Bürger und Entscheidungsträger im Land bereit wären für einen ökologischen Umbruch. Einen Umbruch, der über das Anlegen von Blühstreifen und das Aufstellen von Insektenhotels hinausgeht, der das Problem im Kern angeht. Doch davon später.

Es ist ein Triumph für den Naturschutz, dass es die Insekten in die Massenmedien und ins Tagesgespräch geschafft haben. Allerdings ist die Gefahr groß, dass dem kurzen Aufschrei Desinteresse folgt. Zumal der Rückgang der Insekten gar nicht überall so offenkundig ist: In jedem Garten, in dem ein Schmetterlingsflieder steht oder andere für Falter attraktive Blütenpflanzen, tummeln sich sommers reichlich bunte Falter. Dass es nur wenige Arten sind, fällt nur dem auf, der ganz genau hinschaut. Es sind nämlich allenfalls eine Handvoll häufiger und wenig spezialisierter Schmetterlinge, die sich hier versammeln. Einige von ihnen sind Wanderfalter, die jedes Jahr zu Millionen die Alpen überqueren und sich dann in unseren Gärten satt trinken. Der Admiral ist so ein Kandidat oder auch der Distelfalter. Einige Gäste an unseren Zierpflanzen profitieren davon, dass die Futterpflanzen ihrer Raupen, wie die Brennnessel, häufiger werden. Das wiederum rührt daher, dass unsere Landschaft mittlerweile fast flächendeckend mit Nährstoffen versorgt, sprich: gedüngt wird und Pflanzen wie die Brennnessel am liebsten auf nährstoffreichem Boden wachsen. Der Wind bringt heute jedem Fleckchen unseres Landes eine Menge düngenden Stickstoff. Woher der kommt, das werden wir noch sehen. Ein paar Arten wie die Brennnessel nehmen diese Gabe dankbar an und wachsen kräftiger als zuvor. Andere leiden darunter. Die Pflanzenvielfalt geht zurück und damit auch die Anzahl der auf die vielfältige Vegetation angewiesenen Tiere (und Pilze).

Diese Düngung aus der Luft führt zu einer paradoxen Situation: Obwohl die Temperaturen auf der Erde in einem beängstigenden Maß steigen, wird es in der Wiese kälter, zumindest am Boden, wo sich viele Wieseninsekten entwickeln, Schmetterlinge im Raupenstadium zum Beispiel. Weil die aus der Luft gedüngte Pflanzendecke plötzlich grüner und dichter wird, wirft sie mehr Schatten. In der Folge trifft weniger Sonnenenergie auf den Boden, und zwischen den Wiesenpflanzen wird es – trotz Klimaerwärmung – kälter. Viele Insekten halten das nicht aus und verschwinden sogar aus abgelegenen Naturschutzgebieten. Von bewirtschafteten Flächen ganz zu schweigen. Dieses Problem betrifft das ganze Land. Schon deswegen können punktuelle Schutzmaßnahmen das Problem nicht beheben, sondern nur lokal lindern.

In unseren Wiesen leben mehrere tausend Pflanzen- und Tierarten. Jede Spezies ist einzigartig und hat eine jahrtausende- oder besser jahrmillionenlange Entwicklung hinter sich. Und diese Entwicklung verlief ja nicht Art für Art getrennt wie im Reagenzglas. Die Spezies machten eine Koevolution durch, stimmten sich aufeinander ab, entwickelten Abwehrstrategien gegeneinander und Symbiosen miteinander. Der Formen- und Farbenreichtum ist schier unendlich. Wer sich die Mühe macht, ein Stückchen Wiese genau unter die Lupe zu nehmen, wird staunen. Er findet jede Menge unterschiedlicher Lebewesen, und selbst Feldbiologen (oder Tierfilmer), die viel Zeit draußen verbringen und von denen man meinen könnte, sie hätten schon alles gesehen, machen ständig neue Entdeckungen. In mageren Heuwiesen, dem fast verschwundenen »mesophilen Grünland«, leuchten die Blätter der Gräser und Kräuter in Dutzenden unterschiedlichen Schattierungen von Grün, in die sich Rot-, Blau- und Brauntöne mischen. Blüten erstrahlen in allen Kolorierungen, die der Natur zur Verfügung stehen. Aber die Pflanzen haben die Farbenpracht nicht für sich allein gepachtet! Jede kleine Zikade, jede Heuschrecke, jede Spinne kommt in einem typischen Farbenkleid daher, und ihre bunte Pracht, die sich freilich erst auf den zweiten Blick offenbart, erstaunt und fasziniert wohl jeden, der sich dieser Welt öffnet, sich im wahrsten Sinne des Wortes herablässt und genau hinschaut.

Die Vereinten Nationen haben dieses Jahrzehnt zur »UN-Dekade Biologische Vielfalt« erklärt, um die Weltöffentlichkeit zu sensibilisieren und die Menschen zum Handeln aufzurufen. Zumindest in heimischen Gefilden gibt es bei keinem anderen Thema einen ähnlich großen Handlungsbedarf wie bei der Wiese. Es wäre daher dringend geboten, dass unsere Politiker hier mehr ankündigen als ein paar hübsche Blühstreifen. Was getan werden könnte und was getan werden müsste, um die Vielfalt der Wiesen zu retten, darauf gehe ich am Schluss des Buches ein.

KAPITEL 3

Die Entstehung der Blumenwiesen

Wie sind unsere bunten Blumenwiesen entstanden? Darüber habe ich schon oft gegrübelt. Selbstredend ist eine baumlose Wiese in Rechteckform nicht natürlichen Ursprungs. Aber ihre Bewohner sind es schon. Die mehrere tausend Pflanzen- und Tierarten im Grünland können ja nicht aus dem Nichts gekommen sein!

Die Frage nach der Herkunft unserer Wiesen lässt sich scheinbar leicht beantworten: Sie sind menschengemacht. Es lässt sich nämlich ziemlich gut rekonstruieren, wie die Entwicklung hin zu den farbenprächtigen Heuwiesen verlief. Dazu muss man allerdings ein bisschen zurückblicken in die jüngere Erdgeschichte: Vor langer Zeit war es bei uns in Europa tropisch heiß, und es wimmelte von exotisch anmutenden Tieren und Pflanzen. Vor etwa fünf Millionen Jahren, mit dem beginnenden Zeitalter des Pliozän, beginnt die Erde langsam abzukühlen. Zweieinhalb Millionen Jahre später bricht eine Epoche mit extremen Klimaschwankungen an, das Pleistozän. Die Eiszeit hatte begonnen, und sie dauert genau genommen bis zum heutigen Tage an.

Glücklicherweise leben wir allerdings in einem sogenannten Interglazial, einer Warmzeit. Die Zeiträume mit kaltem Klima (Glaziale) hielten stets deutlich länger an als die besagten Warmphasen (Interglaziale), die wie Atempausen in einem langen, globalen Winter erscheinen. In den Warmphasen war das Erdklima mitunter wärmer als heute, und sie dauerten meist 10 000 bis 20 000 Jahre. Dann kam jeweils die nächste Kälteperiode, die durchschnittlich zehnmal so lange anhielt. Die letzte davon wird Weichsel-Kaltzeit genannt.

Im Verlauf der Weichsel-Kaltzeit waren die Durchschnittstemperaturen hierzulande um etwa zehn Grad zurückgegangen. Die Schneegrenze in den Bergen war gewaltig gesunken, und ein großer Teil der Schneemassen, die im Winter vom Himmel fielen, konnte in den kurzen Sommern nicht mehr abtauen. Es bildeten sich Gletscher. Zwischen den Alpen und den bis zu drei Kilometer mächtigen Eismassen im Norden Europas blieb in Mitteleuropa nur ein relativ schmaler, eisfreier Gürtel übrig. Das Klima war aber auch hier rau und viel trockener als heute. Das Gros der Tiere und Pflanzen, die in den Warmphasen zuvor hierzulande gelebt hatten, musste sich in den Mittelmeerraum oder in andere Regionen zurückziehen, wo das Klima auch während der Kaltzeit mild blieb und keine

Eismassen drohten. Solche Refugien gab es wahrscheinlich nicht nur südlich der Alpen. Die westeuropäische Atlantikküste könnte Kaltzeitflüchtlinge beherbergt haben, ebenso Gebiete im Osten und Südosten Europas. Große Teile Russlands und der Karpaten waren nämlich auch in kältesten Klimaphasen eisfrei, hier könnten ebenfalls Arten überdauert haben.

»Sich zurückziehen« klingt unkompliziert, wenn man wie wir Menschen Zug, Auto oder gar das Flugzeug besteigen und eine Stunde später mediterrane Luft schnuppern kann. Für eine kleine Gehäuseschnecke, einen flugunfähigen Käfer, eine Orchidee oder einen Pilz sieht die Sache etwas anders aus. Es erscheint mir oft fast wie ein Wunder, dass so kleine und empfindliche Arten wie Gras- und Heideschnecken überhaupt wieder in Gebiete zurückkehren konnten, die jahrtausendelang bis zum Horizont mit Eis bedeckt oder zumindest sehr kühl und trocken waren, zumal auf dem Weg Hindernisse wie Flüsse und Bäche die Wanderung erschweren. Zwar dauern Anbruch oder Abklingen einer Kaltzeit viele Jahrzehnte oder Jahrhunderte, aber dennoch dürften viele Arten bei ihren Wanderungen auf der Strecke geblieben sein.

Im Laufe der Klimaschwankungen verarmte die Fauna und Flora Europas immer mehr. Man darf vermuten, dass bei jeder Zwischenwarmzeit nur ein Teil der Arten in die Mitte Europas zurückkehrte, die zuvor hier das Land besiedelt hatten. Hauptgrund dafür sind die Alpen, die wie ein gewaltiger, von Ost nach West spannender

Riegel Mitteleuropa im Süden begrenzen. Dieses Gebirge während einsetzender Klimaverschlechterungen zu überwinden oder zu umgehen war für viele Arten schlicht unmöglich. Auf dem nordamerikanischen Kontinent lässt sich das Gegenteil beobachten. Die wichtigsten Gebirgszüge, nämlich die Rocky Mountains im Westen und die Appalachen im Osten, erstrecken sich grob gesagt in Nord-Süd-Ausrichtung. Das sorgt heutzutage für Wetterkapriolen, weil kalte Luftmassen aus dem Norden ungehindert nach Süden fließen können – weshalb es auch schon mal im subtropischen Florida schneit – und warme Luft weit nach Norden strömen kann. In Zeiten starker Klimaschwankungen aber erleichtert es die geografische Ausrichtung der amerikanischen Gebirge wandernden Tier- und Pflanzenarten, vor für sie ungünstigen Entwicklungen auszuweichen. Die Folge ist, dass heute in Amerika auf dem gleichen Breitengrad wesentlich mehr Arten existieren als bei uns.

Im Miozän, das bis vor fünf Millionen Jahren andauerte, herrschte auf der gesamten Erde ein viel wärmeres und feuchteres Klima als heute, und es lassen sich anhand von fossilen Funden ausgedehnte Graslandschaften nachweisen. Sogar Nordafrika war dort, wo sich heute die Sahara erstreckt, von Savanne bedeckt. In Mitteleuropas Wäldern wuchsen in dieser Zeit Feigenbäume, Palmen und Magnolien. Auch die fossil überlieferte Tierwelt lässt auf ein subtropisches Klima schließen. Untersuchungen an Fossilien ergeben für diese Epoche kaum einen Unterschied zwischen dem Artenreichtum Nordamerikas und Europas. Heute ist dieser Unterschied eklatant. In den Jahren 2012 bis 2015 arbeiteten wir in Nordamerika an einem Film über den Great-Smoky-Mountains-Nationalpark, und ich war verblüfft über die Vielfalt, die uns dort begegnete. In den Mischwäldern der gemäßigten Breiten in den Vereinigten Staaten wachsen um die 600 Baumarten. Bei uns sind es gerade einmal 60. Allein innerhalb der Nationalparkgrenzen leben plus/minus 30 Salamanderarten, bei uns gibt es im ganzen Land, in vergleichbaren Lebensräumen, nur den Feuersalamander. Ähnliche Unterschiede, was die Artenzahlen betrifft, existieren auch bei vielen anderen Pflanzen- und Tiergruppen.

Die Vorfahren der Lebewesen, die wir heute bei uns finden, haben es jedenfalls geschafft. Nach dem Abklingen der letzten Kaltzeit vor etwa 12 000 Jahren begann die Rückwanderung der Wälder in die noch baumlosen Steppen Mitteleuropas. Mithilfe von Pollenanalysen können Wissenschaftler heute nachverfolgen, wie diese Rückwanderung ablief. Von Art zu Art ging das anscheinend unterschiedlich schnell, je nachdem wie durchsetzungsfähig eine bestimmte Baumsorte ist und wie schnell sie neue Lebensräume erobern kann.

Baumarten mit sehr leichten oder geflügelten Samen hatten es zunächst natürlich leichter als solche mit schweren Samen, die auf die Verbreitung durch Tiere setzen.

Denn auch die Tiere, die ihre Wintervorräte mit Baumsamen füllen und dann vergessen, wo sie etwa die Bucheckern und Eicheln versteckt haben, mussten sich erst
einmal im Land breitmachen. Im Laufe der Jungsteinzeit
kamen jedenfalls immer mehr wärmeliebende Gehölze
zurück. Der Ahorn und die Esche etwa. In sumpfigen
Niederungen entstanden Schwarzerlenbrüche, und im
Harz breiteten sich Fichtenwälder aus. Zu dieser Zeit
war es in Europa bis zu drei Grad wärmer als heute. Gletscher schmolzen ab und begannen erst danach wieder zu
wachsen. Gut 3500 Jahre vor der Zeitenwende kühlt sich
das Klima etwas ab, und es wird feuchter. Buche und
Tanne treten ihren Siegeszug durch Mitteleuropa an. Im
Laufe der Bronzezeit geht die Temperaturkurve weiter
zurück, und die Buche dominiert nun auch Waldgebiete,
in denen bis dahin vorwiegend Eichen wuchsen. Die
Buche wurde immer mehr zur beherrschenden Baumart
in unseren Breiten. In der allerjüngsten erdgeschichtlichen Epoche, dem Subatlantikum, das 450 v. Chr. begann
und bis heute andauert, kühlt sich das Klima nochmals
ab (bis es sich in neuester Zeit bekanntermaßen wieder
spürbar zu erwärmen beginnt). Das führt dazu, dass
sich wärmeliebende Baumarten wie die Flaumeiche oder
Kräuter wie die Finger-Küchenschelle aus vielen Regionen wieder zurückziehen und nun inselartig in Gebieten
mit günstigem Lokalklima vorkommen.

Inselhaft dürfte auch das natürliche Auftreten von großflächigen Graslandschaften in dieser Zeit gewesen sein,

die wir hier als Wiesen bezeichnen wollen. Aber so genau lässt sich das nicht ermitteln. Pollenanalysen eignen sich nämlich nicht immer zur Rekonstruktion von Pflanzengesellschaften, sprich: um sich ein Bild davon zu machen, wie die Landschaft einst aussah. Zum einen sind gerade trockene Böden, auf denen viele Wiesentypen gedeihen, keine geeigneten Orte, um den Pollen zu konservieren. Außerdem produzieren viele Wiesenpflanzen im Verhältnis wesentlich weniger Pollen als Bäume, die die Landschaft manchmal förmlich mit Blütenstaub überschwemmen. Grasen auf den Wiesen noch dazu regelmäßig Wildtiere (und später auch Haustiere), sinkt die Pollenproduktion im Grasland gegenüber dem Wald weiter, weil die energiereichen Blüten besonders gerne abgeknabbert werden. Andere Methoden liefern da mitunter bessere Ergebnisse. Etwa die Suche nach Resten von Schneckenhäuschen.

Von den mehr als 250 Landschneckenarten, die allein in Deutschland leben, kommen einige niemals im Wald vor, sondern ausschließlich in Wiesen. Und auch Jahrtausende nachdem sie auf selbstgebauten, silbrig schimmernden Straßen aus Schleim durch urwüchsige Wiesen gekrochen sind, lassen sich die Überreste ihrer Gehäuse aufspüren. Vor allem für Regionen in Mitteleuropa, in denen es jährlich weniger als 500 Millimeter regnet, konnten Wissenschaftler der Universität Prag auf diese Weise ausgedehnte Graslandschaften rekonstruieren. Sie kamen zu dem Schluss, dass nach der letzten Kaltzeit etwa fünf Prozent der Fläche Mitteleuropas weitgehend baumfrei und von natürlichen Wiesengesellschaften bedeckt waren.

Vor allem im Süden und Osten Deutschlands sowie in Teilen Tschechiens und Österreichs gab es demnach Regionen, in denen der Wald niemals richtig Fuß fassen konnte und wo die steppenartige Pflanzendecke immer vorwiegend aus Kräutern und Gräsern bestand. Dort, wo mehr Niederschlag fällt und die Voraussetzungen für das Wachstum von Bäumen ideal sind, ist die Lage etwas unklar, wie wir noch sehen werden. Denn mit dem nacheiszeitlichen Vordringen der Bäume in das Herz Europas machte sich auch der Mensch breit. Und der begann sofort die Landschaft nachhaltig zu beeinflussen. Und das nicht nur mit der Axt!

Während sich also die Gletscher zurückzogen und das Klima wärmer war als heute, rodete der Homo sapiens vielerorts den Wald, um Platz zu schaffen und Bau- und Feuerholz zu gewinnen. Er errichtete Dörfer und züchtete Vieh. Seit der Eisenzeit, vor etwa 2500 Jahren, lassen sich in Mitteleuropa dank archäologischer Ausgrabungen Sensen nachweisen. Es beginnt das Zeitalter der Blumenwiesen.

Über die Artenzusammensetzung der Wiesen in der Eisenzeit ist wenig bekannt. Auch darüber, welche Gräser und Kräuter auf den Wiesen zur Römischen Kaiserzeit wuchsen, weiß man wenig, und noch aus dem Mittelalter sind die Informationen spärlich. Aus der Römerzeit liegen vereinzelte Berichte vor, wonach im 2. Jahrhundert v. Chr. Wiesen gepflegt und gedüngt wurden. Man entfernte Moos vom Wiesenboden, brachte Samen gewünschter Pflanzen aus und karrte Mist und Asche auf die Wiese. Dasselbe gilt für das Mittelalter. Fäkalien, Asche, Schlamm, Laubstreu, Lebensmittelreste und andere organische Stoffe kamen vor allem auf die Äcker, wurden aber vereinzelt auch auf stark beanspruchte Wiesenparzellen gebracht. Häufig wurden die Wiesen nach dem Ende des Winters, vor dem ersten Schnitt, und noch einmal nach dem zweiten und letzten Schnitt im Sommer beweidet. Was die Tiere durch ihren Kot an Nährstoffen in die Wiese einbrachten, wurde jedoch durch das Abfressen der Wiesenpflanzen und den damit verbundenen Nährstoffaustrag aufgewogen.

Seit der frühen Neuzeit verbreitete sich eine neue Form der Grünlandbewirtschaftung: die Rieselwiesen. Das Prinzip dabei ist es, die Wiesen regelmäßig zu überschwemmen. Man staute Bachläufe auf und legte sogar Gräben und Weiher an, um die Abwässer aus Tierställen und menschlichen Behausungen zu den Wiesen zu leiten. Dabei werden einerseits Nährstoffe in die Wiese geschwemmt, aber auch aus dem Boden gelöst und für die Pflanzen verfügbar gemacht. Es war über Jahrhunderte die wichtigste Methode, um den Ertrag auf den Wiesen zu verbessern.

Natürlich funktionierte die Bewässerung nur in Ebenen, in denen Fließgewässer vorhanden und nutzbar waren. Berg- und Hügellagen waren mit dieser Methode kaum zu bewirtschaften. Die von Natur aus trockeneren Wiesen solcher Standorte mussten entweder mühsam mit organischem Material gedüngt werden, oder sie wurden als ungedüngte Magerwiesen genutzt, die oft nur einmal im Jahr gemäht wurden. Erst zu Beginn des 20. Jahrhunderts wurde das regelmäßige Bewässern der Wiesen aufgegeben. Eine Wirtschaftsweise übrigens, die möglicherweise wieder im Kommen ist, doch davon später.

Um 1900 entwickelt sich die Graslandsoziologie, bei der die Wiesen systematisch auf wissenschaftlicher Grundlage in verschiedene Typen eingeteilt werden. Man unterscheidet zwischen trockenen und feuchten Wiesen sowie jeweils zwischen mageren, also nährstoffarmen, und fetten, das heißt nährstoffreichen Wiesen.

Es gibt noch weitere Faktoren, die einen Einfluss auf die Artenzusammensetzung und damit auf den Wiesentyp haben. Das sind vor allem die Bodenchemie und klimatische Unterschiede von Region zu Region. Erschwerend kommt hinzu, dass die Übergänge zwischen den verschiedenen Standortbedingungen und damit zwischen den Wiesentypen fließend sind. Außerdem gibt es neben Pflanzen, die höchste Ansprüche stellen und nur in einem ganz bestimmten Grünlandtyp existieren können, auch solche, die in ganz verschiedenen Wiesentypen wachsen. Eine für den Nicht-Experten also etwas unübersichtliche Sachlage.

Für die Landwirtschaft am interessantesten waren und sind aufgrund ihrer Ergiebigkeit natürlich die sogenannten Fettwiesen. Wobei *fett* nicht gleich überdüngt bedeutet! Mäßig gedüngte Fettwiesen, die nicht zu oft gemäht werden, sind besonders artenreich. Erst wenn die Nährstoffzufuhr ein bestimmtes Maß überschreitet, was ein häufiges Mähen möglich, aber auch nötig macht, geht die Vielfalt drastisch zurück. Wir werden noch ergründen, warum das so ist. Und weil das intensiv bewirtschaftete, mit reichlich Gülle gedüngte und sechsmal im Jahr gemähte Grünland ebenfalls zu den Fettwiesen zählt, hat der Name einen negativen Beigeschmack. Doch es gibt auch natürlicherweise nährstoffreiche Standorte. Etwa in Flusstälern, wo von Natur aus bei Überschwemmungen Nährstoffe in der Wiese abgelagert, gelöst und verteilt werden. Die Natur macht hier quasi vor, was der Mensch bei der Rieselwiesenwirtschaft geregelt und gezielt herbeiführt.

Die verschiedenen Wiesentypen, die unter den jeweiligen Standortbedingungen existieren, werden nach den vorherrschenden Pflanzenarten benannt. Die wichtigste Grasart in naturnah bewirtschafteten, fetten Wiesen war und ist der Glatthafer. Er ist ergiebig und wird vom Vieh gerne gefressen. Ist der Boden hanglagig und eher trocken, gesellen sich trockenheitsliebende beziehungsweise trockenheitstolerante Arten hinzu, darunter der Wiesensalbei. Dann spricht man von Salbei-Glatthaferwiesen. Ist der Boden leicht feucht, man sagt

»frisch«, dann spricht man von Glatthafer-Talwiesen. Hier blühen etwa der gelbe Wiesen-Pippau, der rosarote Wiesen-Klee, die Margerite und der Wiesen-Bocksbart mit seinen großen, gelben Sternen, die nach der Blüte zu tennisballgroßen »Pusteblumen« werden. Das ist die klassische, fette Heuwiese, die Bauernwiese, wie sie über Jahrhunderte die Landschaft prägte: wenig gedüngt, zweimal im Jahr gemäht und äußerst bunt.

Dieser Wiesentyp hat zahlreiche Varietäten. In höheren Lagen der Mittelgebirge und der Alpen wird der Glatthafer durch den Goldhafer ersetzt. Ist der Untergrund kalkarm, tritt das Rote Straußgras auf. Ist der Boden trocken und besonders kalkhaltig, die Aufrechte Trespe. Das ist auch der magere Wiesentyp, in dem einige besonders schöne Orchideen gedeihen: das delikate Brandknabenkraut oder das geradezu knallig gefärbte Helmknabenkraut. Auch Hummel- und Fliegenragwurz wachsen auf solchen Kalkmagerrasen, zwei Pflanzen mit einer faszinierenden Fortpflanzungsbiologie. Sie ahmen die Weibchen ihrer Bestäuberinsekten nach und verleiten die herumfliegenden Männchen der betreffenden Art dazu, einen Paarungsversuch mit der Blüte zu unternehmen. Die Fliegenragwurz lockt mit Duftstoffen und optischen Merkmalen Grabwespen an. Die stattliche Hummelragwurz hat es auf Langhornbienen abgesehen. Bei beiden Hautflüglern schlüpfen im Frühjahr die Männchen ein paar Wochen vor den Weibchen. Genau in dieser Zeit blühen die Ragwurzen und lassen sich bei den vergeblichen Begattungsversuchen bestäuben, ohne eine Gegenleistung in Form von Nektar dafür anzubieten.

Ob der Sex mit der Blüte einen Gegenwert für die liebeshungrigen Insektenmännchen darstellt, darf bezweifelt werden. Denn sobald die Weibchen schlüpfen und die Magerwiese bevölkern, erlischt das Interesse der Grabwespen- und Bienenmännchen an den falschen Damen und sie kümmern sich nur noch um ihre Artgenossinnen. Mehrmals war ich in Magerwiesen auf Kalkboden unterwegs, um dieses Schauspiel mit der Kamera einzufangen. Nur einmal gelang es mir tatsächlich und dann gleich mehrfach, die Bestäubung einer Hummelragwurzblüte durch eine irregeleitete Langhornbiene mit der Filmkamera und dem Fotoapparat festzuhalten (siehe die Fotos im Bildteil). Das sind die Momente, für die es sich als Tierfilmer zu leben lohnt! Oft habe ich über die Funktion dieser Täuschblumen gelesen und mit anderen begeisterten Naturfreunden darüber gesprochen. Es dann draußen in der Wiese live zu beobachten und zu dokumentieren gehörte zu den Glanzlichtern jenes Frühjahrs.

Natürlich gibt es in jedem Wiesentyp faszinierende Zusammenhänge zu entdecken! Auf stärker feuchtem Boden wächst anstelle des Glatthafers der Wiesenfuchsschwanz als dominierende Grasart, häufig zusammen mit der Kohlkratzdistel. Ist der Boden nass und wird öfters mal überschwemmt, entwickeln sich sogenannte

Sumpfdotterblumenwiesen. Viele feuchtigkeitsliebende Pflanzen sind hier zu Hause wie die Kuckuckslichtnelke, der Schlangen-Knöterich und der Große Wiesenknopf. Manche Arten sind häufig wie das Wiesenschaumkraut. Andere große Raritäten wie die Schachbrettblume, die nur auf ein paar wenigen Überschwemmungswiesen in Deutschland wächst. Dies ist auch der Wiesentyp, zu dem meine »heilige Wiese« vor der Haustüre gehört, in der dank üppigem Wiesenknopfbestand so viele Ameisenbläulinge herumflattern – deren Naturgeschichte, die mindestens ebenso ausgefallen ist wie die von Fliegen- und Hummelragwurz, haben wir ja bereits kennengelernt. Und auch auf nassen Wiesen gibt es charakteristische Orchideen. Die häufigste und zugleich bekannteste ist das Breitblättrige Knabenkraut. Eine Pracht in Rosarot, die mir einst ein paar schlaflose Nächte bereitet hat, wovon ich in Kapitel 5 berichten werde.

Kehren wir nach diesem Ausflug in die Systematik zu unserem kleinen geschichtlichen Abriss zurück. Mäßig gedüngte Glatthaferwiesen sind seit dem frühen 18. Jahrhundert dokumentiert, aber sicher haben sie sich Jahrhunderte zuvor entwickelt und schon früh ähnliche Artenzusammensetzungen gehabt wie heute. Nur hat man damals die verschiedenen Wiesentypen nicht so genau unterschieden und das Grünland auch nicht so detailliert dokumentiert. Nach Beschreibungen aus dem 18. Jahrhundert machten die Gräser den mengenmäßig größten Teil der Biomasse aus. Es ist also nicht so, dass in den Zeiten vor der industriellen Landwirtschaft die Wiesen ausschließlich aus bunten Blumen mit ein paar Gräsern dazwischen bestanden hätten. Dennoch: Farbenprächtig und voller Tierleben dürften diese Wiesen auf jeden Fall gewesen sein.

Mit den Agrarreformen und der Bauernbefreiung im 19. Jahrhundert wuchs der Anteil gedüngter Wiesen an der landwirtschaftlichen Gesamtproduktionsfläche an. Die Bauern bestellten jetzt ihr eigenes Land und nicht mehr das von Grund- oder Leibherren. Der Anreiz, etwas aus dem Land zu machen, stieg dadurch natürlich beträchtlich. Ungedüngte Feucht- und Trockenwiesen wurden immer mehr zurückgedrängt. Man wollte ja schließlich auch damals schon möglichst energiereiches Futter gewinnen und nicht etwa die Artenvielfalt fördern. Aber die Möglichkeiten hatten ihre Grenzen, und die Bewirtschaftung mit nur ein oder zwei Mahdterminen im Jahr kam der Biologie der allermeisten Wiesenarten entgegen. So wurden die Wirtschaftswiesen Mitteleuropas zu den artenreichsten Grasländern der Welt.

Je nach Region, Lage, Bodenzusammensetzung und regionalem Klima bildeten sich im Mitteleuropa nach der letzten Kaltzeit also die verschiedensten Wiesentypen heraus. Je nachdem wie eng man die Kriterien fasst, 50 oder auch 200. Wichtigster gestalterischer Faktor war von Anfang an der Mensch mit seinen Ansprüchen an das bewirtschaftete Grünland. Die wertvollsten Blumenwiesen, die es heute bei uns im Land gibt, sind über Jahrhunderte immer nach dem gleichen Schema bewirtschaftet worden. Solche Wiesen sind zwar extrem vielfältig in der Artenausstattung, haben aber dennoch ein in sich homogenes »Gesicht«. Das Gegenteil kann man beobachten, wenn eine Wiese renaturiert oder neu angelegt wird. Vergleicht man bei einer solchen neuen Wiese Fotografien aus mehreren Jahren, sieht man, dass sich manche Pflanzenarten ausbreiten, andere zurückziehen. Es tobt förmlich ein Kampf um die Vorherrschaft. Erst nach vielen Jahren oder Jahrzehnten beginnen sich neu angelegte Blumenwiesen »zu beruhigen« und ein einheitliches, buntes Gesicht zu entwickeln.

Auch meine »heilige Wiese« mit den Wiesenknöpfen und Ameisenbläulingen darauf ist so eine Kampfzone. Die möglicherweise Jahrhunderte währende Pflege durch die Bauern als zweischürige, das heißt zweimal im Jahr gemähte Feuchtwiese endete mit dem Auflassen der Hofstelle in den 1970er Jahren. Danach wurde die Wiese ein paar Jahre lang intensiv bewirtschaftet, also gedüngt und häufiger gemäht, im Anschluss lag sie, ebenfalls ein paar Jahre lang, brach. In dieser Zeit verlor dieser Hektar Isental fast alle empfindlich auf Veränderung des Bodens oder auf die geänderte Bewirtschaftung reagierenden Kräuter und zierlichen Gräser. Der hochwüchsige Fuchsschwanz überlebte und die bleiche Kohldistel. Dazwischen ein paar gelbe Pippau-Blütenstände und hie und da ein Wiesenknopf. An diesen »Zeigerarten«

war zu erkennen, um was für einen Wiesentyp es sich hier eigentlich handelt, und so konnte ich rekonstruieren, wie es hier einmal ausgesehen haben muss.

Sobald wir uns eingerichtet hatten, begannen wir die Feuchtwiese zweimal im Jahr zu mähen. Um die Artenvielfalt möglichst zu fördern, lassen wir dabei immer an anderer Stelle einen Wiesenstreifen ungemäht stehen. Außerdem brachte ich anfangs immer wieder Saatgut von den letzten schönen Wiesen der Umgebung mit nach Hause und streute es auf der Fläche aus. Und natürlich erhält die Wiese seit 20 Jahren keine Düngergaben mehr. Diese wechselvolle, jüngere Geschichte hat auf dieser Wiesenparzelle zu einer großen Unruhe geführt. Die Kuckuckslichtnelke hat sich plötzlich extrem vermehrt und ist ein paar Jahre später wieder fast verschwunden, das Schaumkraut kam und ging. Zurzeit ist der Pippau stark auf dem Vormarsch, auch der Klappertopf. Meine »Hauptzielart«, der Große Wiesenknopf, hat sich stark vermehrt, und vereinzelt sind Schilf und Mädesüß in die Fläche eingewandert. Ich bin gespannt, ob ich es erleben darf, dass die Wiese zur Ruhe kommt und ein einheitlich buntes Gesicht ausbildet.

Auch wenn es definierte Wiesentypen gibt und vor allem der Typus der fetten »Glatthaferwiese« im Laufe der Geschichte Mitteleuropas bis in unsere Tage die dominierende Artengesellschaft des Grünlandes wurde, gibt es doch keine Wiese zwei Mal. Wie oben geschildert wachsen auf kalkhaltigen Böden andere Pflanzengesellschaften als auf sauren, moorigen Böden. Auf durchlässigem Untergrund andere als auf lehmigen oder tonigen Böden, auf denen sich das Wasser staut. Ebenes Gelände und Hanglagen führen zu unterschiedlichen Pflanzengemeinschaften, ebenso unterschiedliche Jahresniederschläge, verschiedene Höhenlagen und anderes mehr. Und natürlich spielt auch der Zufall eine große Rolle. »Wer zuerst kommt, mahlt zuerst« gilt auch in der Wiese. Die Samen der Pflanzen aus der Umgebung haben größere Chancen, eine Fläche als Erste zu besiedeln und sich rasch auszubreiten, als Pflanzen, die weit entfernt wachsen. Wobei es hier große Unterschiede gibt.

Viele Wiesenpflanzen haben spezielle Anpassungen, die der Verbreitung dienen. Der Löwenzahn, den wir in einem späteren Kapitel noch genauer kennenlernen werden, wird schon wenige Tage, nachdem er als kräftig orangegelbe Blüte erstrahlt, zur Pusteblume. Seine Samen können dank Schirmchen-Ausrüstung mit dem Wind viele Kilometer an einem Tag zurücklegen. Auch Wiesenbocksbart und Pippau besitzen flugfähige Samen. Bei Kräutern wie dem Wiesenknopf oder der Wiesenplatterbse dagegen fallen die Samen nach der Reife einfach zu Boden. Entsprechend lang brauchen sie für die Besiedelung neuer Gebiete.

Allerdings haben die Gewächse der Blumenwiese viele kluge Strategien entwickelt, um dennoch neue Lebensräume erobern zu können. Flockenblume, Wiesenwachtelweizen oder Günsel besitzen an ihren Samen kleine fettreiche Anhängsel, Lockspeisen, die bei Ameisen sehr beliebt sind. Die Sechsbeiner orten mit ihren Antennen die Samen auf dem Boden der Wiese und tragen so viele wie möglich davon nach Hause. Das Anhängsel wird verzehrt, und das eigentliche Samenkorn wird wieder aus dem Bau transportiert, wo es auf dem Abfallhaufen der Ameisen landet. Ein idealer, weil nährstoffreicher Ort zum Keimen! So weit, wie ein Löwenzahnschirmchen fliegen kann, schaffen es die »myrmekochoren« Pflanzen, also jene Arten, die auf die Ausbreitung durch Ameisen setzen, natürlich nicht. Aber immerhin so weit eben die Ameisenfüßchen tragen.

Es gibt zahlreiche weitere Verbreitungsmethoden, die die Wiesenpflanzen im Laufe der Evolution erfunden haben, damit ihr Nachwuchs nicht in unmittelbarer Nachbarschaft aufwächst. Denn dann würde er ihnen ja Konkurrenz machen, ihnen Licht und Nährstoffe wegnehmen. Der Wiesen-Storchschnabel etwa katapultiert seinen Nachwuchs aus eigener Kraft in die Umgebung. Erst wenn seine Samen ganz reif sind, lösen sich Teile des unter Spannung stehenden Fruchtstandes und die Samen werden bis zu zwei Meter weit in die Umgebung geschleudert. Andere Wiesenblumen nutzen dafür fremde Kräfte. Jeder kennt das Bild einer Wiese, durch die der Wind fährt. Halme wogen in ganzen Partien hin und her, wie Peitschen schlagen dabei Grasrispen und Blütenköpfchen der Kräuter zur Seite. Als Kind habe ich mir oft vorgestellt, wie es den Insekten ergehen mag, die auf den jeder Witterung preisgegebenen Halmen sitzen. Zwar lassen sich Spinnen- und Insektenlarven mitunter gerne von einer Bö in neue Refugien tragen. Von stürmischem Wetter profitiert aber vor allem die Pflanzenwelt der Wiese.

Jene Arten, bei denen die Samenkapsel als sogenannte Streubüchse funktioniert, brauchen unbedingt starken Wind. Der Klatschmohn ist das vielleicht bekannteste Beispiel für diese Ausbreitungsform, allerdings gehört Mohn nicht zu den echten Wiesenpflanzen, zumindest nicht in unseren Breiten. Taubenkropf-Leimkraut und Weiße Lichtnelke sind vom Namen her vielleicht nicht jedem geläufig. Aber gesehen haben die beiden bestimmt viele von uns einmal. Während bei diesen Arten Blüten- stängel und Fruchtstand zunächst weich und elastisch sind, trocknen sie im Laufe der Samenreife ab und wer- den starr und steif. Die Samenkapsel bildet schließlich eine Öffnung, durch die die Samen nach außen gelangen können – wenn der Sturm kommt. Die reifen Frucht- stände geben dem Wind nicht mehr elastisch nach und wogen nicht mehr sanft schlängelnd hin und her, so wie noch vor Kurzem während der Blüte. An ihnen zerrt und rüttelt nun jede Brise; und das ist genau das, was die Pflanze »will«. Der ganze Stängel neigt sich bald hierhin, bald dorthin, und bei jeder Bö fallen Samen- körner aus der Kapsel. So verstreut die Mutterpflanze ihre »Diasporen« schön langsam rings um sich herum. Die Geschwindigkeit, mit der sich solche Pflanzen aus- breiten, ist kaum rekordverdächtig. Aber im Laufe von

Jahren, Jahrzehnten und Jahrhunderten überwindet die Lichtnelke Berge und Täler und breitet sich erfolgreich über das Land aus. Auch andere Nelkenarten wie die Rote Lichtnelke oder die Kuckucks-Lichtnelke, aber auch einige Glockenblumen-Arten setzen auf die Streu-büchsentechnik, um ihren Nachwuchs mit einem kleinen Schubs auf den Weg zu schicken.

Manche Wiesenblumen setzen bei der Verbreitung ihrer Samen anstelle des Windes auf Wasser, genauer: auf den Regen. Bei Braunelle und Wiesensalbei etwa schlagen herabfallende Regentropfen die Samenkörner aus den Fruchtständen und katapultieren sie in die nähere Umgebung. Wieder andere lassen sich einfach forttragen – im Magen! Die Samen von Spitzwegerich, Echtem Labkraut und Wiesen-Flockenblume überleben nachweislich einen Aufenthalt im Darm von Pflanzenfressern und können anschließend wunderbar keimen. Diese Pflanzen haben daher »nichts dagegen«, wenn sie aufgefressen werden, zumindest wenn ihre Samen zuvor rcif werden konnten. Das haben Studien einer Arbeitsgruppe um Professor Rolf-Alexander Düring an der Universität Gießen ergeben. Auch einige Gräser, namentlich Seggen, können als Samen den tierischen Verdauungstrakt überstehen und im Bauch von Gänsen oder Enten neue Gebiete erobern. Ein großer Vorteil dieser Ausbreitungsform dürfte sein, dass die neue Pflanzengeneration gleich mit einer ordentlichen Portion Nährstoffvorrat »zur Welt kommt«.

Die Liste der ausgeklügelten Verbreitungsstrategien ist damit noch nicht zu Ende. So gibt es etwa Gewächse, die sich darauf verlegt haben, im Fell von vorbeiziehenden Säugetieren hängen zu bleiben und dort zu keimen, wo die Samen vom Zotteltier wieder abgestreift werden. Die Wiesenpflanzen sind aber nicht nur ausgestattet mit ausgeklügelten Ausbreitungsmechanismen. Jede Pflanze hat nicht zuletzt ihre Farben und andere beeindruckende Strategien, um Bestäuber anzulocken, damit sie überhaupt erst einmal in die Lage kommt, Samen bilden zu können.

Eine Eigenschaft, die alle Wiesenpflanzen miteinander teilen, sticht besonders hervor. Etwas, das vielleicht mehr als alles andere die Grundlage für die Entstehung und das Überleben der Wiesen ist und das mich beim Nachdenken immer wieder in tiefes Staunen versetzt: die extreme Fähigkeit zur völligen Regeneration. Ausnahmslos alle Wiesenpflanzen vertragen es problemlos, ein oder sogar mehrmals im Jahr abrasiert zu werden. Laub weg, Blüten weg, Samenstände weg. Hört sich an wie ein Todesurteil. Aber alle Gewächse treiben aus der Basis heraus wieder aus und werden so groß und kräftig wie zuvor. Und sie vertragen den Schnitt nicht nur, sie brauchen ihn sogar! Wie wir noch sehen werden, verschwinden die allermeisten Arten binnen weniger Jahre, wenn eine Wiese gar nicht mehr gemäht wird. Nun stellt sich die Frage, was die komplexen Artengemeinschaften der unterschiedlichen Wiesentypen am Leben gehalten hat, bevor der Mensch die Regie übernahm und mit Sichel, Sense, Balken- und Kreiselmähwerk anrückte? Oder sind die Pflanzengesellschaften der Blumenwiesen tatsächlich erst durch den Menschen entstanden?

Wenn Letzteres stimmte, wie ist es dann möglich, dass Hunderte Arten von Blütenpflanzen und Gräsern so perfekt an ein Ökosystem angepasst sind, das unnatürlich, weil vom Menschen geschaffen ist? Ein Ökosystem, in dem es auf einmal nach der Waldrodung keinen Baumschatten mehr gibt und weniger Luftfeuchtigkeit, dafür aber mehr Licht, Wärme und UV-Strahlung? An solch gravierende Umweltveränderungen müssen sich Pflanzen normalerweise erst über sehr lange Zeiträume anpassen, und ein paar hundert oder tausend Jahre sind nach evolutionären Maßstäben nicht sehr viel.

Oder ist es denkbar, dass einst die bunten Blumenwiesen von Natur aus existierten, immer dort, wo aus irgendwelchen Gründen kein Wald wuchs? Gab es in früheren Warmzeiten, als der Mensch noch keine Rolle spielte, Offenland, in dem Kräuter und Gräser in ähnlichen Kombinationen wuchsen, wie wir es von unseren Wiesen kennen? Für viele Ökologen, Naturschützer und auch für mich steht das außer Zweifel. Viele (wenn auch immer weniger) Forstwissenschaftler tun sich dagegen schwer damit. Zwar gibt es Standorte, an denen der Boden für jeden erkennbar ein Aufkommen von geschlossenem Wald nicht zulässt – Hochmoore etwa, kiesige Wildflussauen, Sanddünen oder steile Felshänge. Aber aus den gleichen Gründen, aus denen an diesen extremen Standorten die Bäume nicht zurechtkommen, gedeihen hier auch nur wenige und besondere Kräuter und Gräser und niemals üppige Blumenwiesen. Die klassischen Bauern- oder Heuwiesen, die die Älteren von uns aus der Kindheit gewohnt sind und denen wir bei Ausflügen mittlerweile so selten begegnen wie einem Oldtimer auf der Gegenfahrbahn, wurzeln gern in gutem Boden. Aber wo?

Entweder die Wiesenblumen und -gräser sind erst eingewandert, nachdem der Mensch die Bäume gefällt und den Boden für sie bereitet hatte. Unwahrscheinlich, wenn man bedenkt, dass viele Arten hauptsächlich oder ausschließlich nördlich der Alpen vorkommen. Oder waren Wiesen in vormenschlicher Zeit quasi eine Art Lückenfüller, die sich vorübergehend etablieren und eine Weile halten konnten, wo Feuer, Sturm und Altersschwäche Baumbestände zusammenbrechen ließen? Diese Vorstellung, der man gelegentlich begegnet, ist in höchstem Maße unwahrscheinlich, eigentlich geradezu absurd.

Nehmen wir als Beispiel die verschiedenen Orchideenarten. Sie sind nicht in der Lage, mal eben neue Lebensräume zu besiedeln. Zwar sind Orchideensamen extrem klein und leicht und können mit dem Wind über weite Strecken verfrachtet werden. Aber erstens benötigen diese Pflanzen bestimmte Pilze, mit denen sie in Symbiose leben, und zweitens brauchen sie viele Jahre, bis aus einem teilweise unterirdisch lebenden Keimling eine fertige, prächtig blühende Orchidee wird. Verbrannter Boden oder Lichtungen im Wald voller umgestürzter Bäume können nur von den wenigsten Orchideenarten besiedelt werden, schon gar nicht von Knabenkräutern, Ragwurzen und anderen Schönheiten, die wir heute an alten, traditionsreichen Wiesenstandorten finden (oder fanden). Schon im ersten Jahr nach der Katastrophe, die eine Lücke in den Wald gerissen hat, keimen junge Bäumchen und recken sich dem Licht entgegen. In ihrem Schatten brechen sich weitere Arten Bahn, und nach wenigen Jahren ist die Waldlichtung mit Jungbäumchen übersät. Selbst die ausbreitungsstärksten Wiesenblumen schaffen es kaum, hier Fuß zu fassen und sich von hier aus zur nächsten temporären Waldlichtung zu verbreiten. Jedenfalls stehen die Chancen schlecht, dass auf einer nackten Fläche, wie sie nach Bränden oder Windwurf zurückbleibt, eine Pflanzengesellschaft mit den Arten der Blumenwiesen entsteht. Bevor sich die Kräuter mit flugfähigen Samen einfinden und einen Bestand bilden können und lange bevor die Gräser und Blumen mit den flugunfähigen Samen angekommen sind, hat der Wald die Lichtung wieder in Besitz genommen und verschlungen.

Wo aber waren mehr als 1000 Wiesenpflanzen und 3000 Wiesentiere, bevor es *uns* gab? Gibt es einen Faktor, den wir bisher nicht berücksichtigt haben? Den gibt es, und dem widmen wir uns im nächsten Kapitel.

Tatsache ist, dass Wiesen, wie auch immer sie einmal entstanden sind, ständig Gefahr laufen, binnen weniger Jahre vom Wald vereinnahmt zu werden, wenn sie nicht vom Menschen beschützt, sprich: gepflegt werden. Erst kommen die Eroberer unter den Gehölzen über die Luft, mit ihren flugfähigen Samen. Weiden und Pappeln zum Beispiel. Dann keimen immer mehr andere Sträucher und Baumarten, selbst wenn die nicht in direkter Nachbarschaft zur Wiese stehen. Wenn erst einmal ein Eichelhäher in einem Weidengehölz auf einer aufgelassenen Wiese einen Wintervorrat an Eicheln oder anderen Baumsamen angelegt hat, sind die Tage der lichthungrigen Gräser und Kräuter gezählt. Dieser Umstand, dass nämlich sich der Wald irgendwann über fast jeden Lebensraum »hermacht«, ist einer der Gründe dafür, warum man Wiesen mähen oder beweiden muss. Sonst verschwinden sie.

Wenn unter Naturschützern der Begriff »Verbuschung« fällt, weiß jeder sofort, was gemeint ist. Viel Arbeit! Meist geht es dabei um unrentable Flächen: Ehemals im Rahmen landwirtschaftlicher Nutzung regelmäßig gemähte Wiesen werden aufgelassen, weil sich ihre Bewirtschaftung nicht mehr lohnt. Über kurz oder lang tauchen einzelne Gebüsche auf, ein paar Jahre später sind es dann ganze Gehölzgruppen. Was dem Naturfreund zunächst naturnah und »schön unordentlich« erscheint, ist der eingeläutete Todeskampf der Wiese. Jeder, der einmal an einer Entbuschungsaktion teilgenommen hat, kann ein Lied davon singen, wie schwierig es ist, Sträucher und Bäume wieder aus einer Fläche zu verbannen, auf der sie einmal Fuß gefasst haben.

Ich habe seinerzeit den Wehrdienst verweigert und durfte meinen Zivildienst beim Landesbund für Vogelschutz (LBV) in der Geschäftsstelle München absolvieren. »Durfte« ist die richtige Formulierung, denn ich habe nie zuvor in so kurzer Zeit so viel Nützliches gelernt; in der Schule schon gar nicht. Zu den Aufgaben von uns Zivis gehörte unter vielen anderen auch das Entbuschen einer drainierten Moorwiese im Herbst. Dabei sind allerdings nicht nur die einwandernden Bäume und Sträucher schuld am Verschwinden von Pippau und Wiesenknopf. Es sind auch die Wiesenpflanzen selbst. Besser gesagt: ihre Überreste.

Im Herbst verfärbt sich das Laub – und zwar nicht nur auf den Bäumen am Waldrand. Auch in der Wiese wird es noch einmal richtig bunt. Ich gehe gerne im Herbst über meine Bläulings-Wiese. Vor allem am Morgen duftet es nach nassem Heu und Moos, überall hängen von Tautropfen übersäte Spinnennetze, und sobald die Morgensonne auf die Halme scheint, sonnen sich die Fliegen, Falter und Heuschrecken, die um diese Jahreszeit noch als Imago, also als erwachsenes Tier, am Leben sind. Die Blätter des Wiesenstorchschnabels leuchten orange und pink, die des Blutweiderichs rot. Gelb sind die Blätter beim Löwenzahn, und die des Günsels sind violett. Aber sobald die ersten Bodenfröste die Wiesenpflanzen mit Raureif überzuckern, ist das Farbenspiel vorbei, genau wie im Wald. Der erste Frost leitet den Zerfallsvorgang der Farbstoffe ein. Unterhalb des Gefrierpunktes verlieren die Wiesenblumen ihren Halt. Denn jetzt bilden sich im hauptsächlich aus Wasser bestehenden Zellplasma der Pflanzenzellen nadelförmige Eiskristalle, die die Zellmembran und Zellwand zerstören. Beim Auftauen entweicht das Plasma zusammen mit den wasserlöslichen Blattfarbstoffen. Der Druck in den Zellen geht verloren – die Pflanze wird braun und welkt.

Im Nu bilden abgestorbene Pflanzen eine mehrere Zentimeter dicke Schicht, die wie ein Deckel auf der Wiese liegt. Regen und Schnee drücken diese Schicht aus abgestorbenem Pflanzenmaterial immer mehr zusammen und verfestigen ihn. Weil dieser Deckel aus Pflanzenresten aber auf unendlich vielen stabilen und lebendigen Stängelbasen, Rosetten und Horsten über dem Wiesenboden liegt, kann er nicht so leicht bis ganz hinunter auf den Boden gedrückt werden. Die toten Pflanzen werden daher nicht sofort abgebaut. Regenwürmer kommen nicht so recht heran, weil das potenzielle Futter zu weit weg vom Boden ist. Und weil die Pflanzenschicht immer wieder in der Sonne trocknen kann, kommen die Aufarbeitungsprozesse durch Pilze und Bakterien auch nicht richtig in Gang. Dieser Deckel aus totem Pflanzenmaterial liegt also ziemlich lange da, und die im Frühjahr neu austreibenden Wiesenpflanzen müssen sich erst durch einen Teppich aus organischem Abfall quälen. Nicht jedes Gewächs schafft das.

Derart zugedeckt gehen die kleinen und empfindlichen Arten zugrunde. Die Schicht schirmt noch im ganzen nächsten Jahr das wärmende Sonnenlicht ab, in der Folge ist es am Boden der Wiese dunkler und kühler als sonst – das Todesurteil für viele Pflanzen, aber auch für viele Tiere. Denn die meisten Bewohner der Blumenwiesen sind auf Gedeih und Verderb auf lichte und sonnige Verhältnisse angewiesen: von winzigen Springschwänzen über Spinnen bis hin zu Schmetterlingen, Heuschrecken und Zikaden. Es reicht aus, eine Wiese ein paarmal nacheinander nicht zu mähen, und unzählige Bewohner sind aus ihr verschwunden. In vielen Fällen für immer. Immer dann nämlich, wenn die nächste Wiese so weit entfernt liegt, dass die betreffende Art nicht wieder einwandern kann. Der Löwenzahn mit seinen fliegenden Samen hat es da leicht, und auch flugfähige Insekten haben prinzipiell gute Karten. Aber es gibt sogar Schmetterlinge wie die Ameisenbläulinge, die ihr ganzes Leben nur in einem Umkreis von wenigen hundert Metern verbringen und eine Wiese, aus der sie einmal verschwunden sind, nicht so einfach wieder besiedeln können.

Und es gibt noch einen dritten Grund, warum eine Blumenwiese gemäht werden muss. Wie ich in Kapitel 7 noch genauer erläutern werde, rieseln ununterbrochen, quasi aus heiterem Himmel, düngende Stickstoffverbindungen auf die Wiese nieder. Würde das Mähen unterbleiben und alles abgestorbene Pflanzenmaterial auf der Wiesenfläche verbleiben, reicherten sich diese Nährstoffe immer weiter an. In der Folge würden einige der Wiesenpflanzen kräftiger und höher wachsen als andere und den Schwächeren den Platz und das Licht wegnehmen. Die kleinen, zarten würden verkümmern und verschwinden. Nur wenn das Mähgut entfernt wird oder wenn Nutztiere auf der Fläche grasen, wird der unfreiwilligen Düngung etwas entgegengesetzt. Weil aber der Eintrag von Stickstoff aus der Luft in den letzten Jahrzehnten immer mehr zugenommen hat, klappt dieses Entgegenwirken nicht überall.

Vereinzelt gibt es noch Wiesen in Deutschland, die seit ihrer Entstehung vor Hunderten von Jahren, möglicherweise sogar vor noch viel längerer Zeit, niemals vorsätzlich gedüngt wurden. Auf solch extrem mageren Standorten, wo meist ziemlich filigrane Pflänzchen in viel größerem Abstand zueinander wachsen als in »normalen« Wiesen, lässt sich gar nicht so viel Pflanzenmasse abtransportieren, dass der Nährstoffeintrag aus der Luft aufgewogen werden kann. An solchen Standorten gehen dann nach und nach die besonderen Arten verloren. Orchideen gehören zu den auf diese Weise besonders bedrohten Pflanzen, aber auch Enziane, die Schachbrettblume, das Kleine Mädesüß, die Wiesenschwertlilie, Sumpfgladiole und die Echte Schlüsselblume. Für manche Arten ist die Situation bereits kritisch. Der Böhmische Enzian wächst nur noch in einer Handvoll Magerwiesen, und er ist in seinem gesamten Verbreitungsgebiet akut vom Aussterben bedroht.

Die Rolle der unbeabsichtigten Düngung aus der Luft wird oft unterschätzt. Der unbeabsichtigten Versorgung mit Nährstoffen entgeht kein Quadratmeter Boden, keine Pflanzen-, keine Pilz- und keine Tierart. Den negativen Einfluss auf die Wiesenvegetation habe ich eben beschrieben. Aber die Folgen reichen viel tiefer! Wie Wissenschaftler der Technischen Universität München bei einer Langzeitstudie an der Schmetterlingsfauna von Trockenhängen bei Regensburg belegen konnten, führt die Düngung magerer Standorte mit Stickstoff, der vom Himmel kommt, zu einer Verarmung der Insektenwelt.

Zu dem gleichen Ergebnis kam auch der bekannte Ökologe und Evolutionsbiologe Josef Reichholf, der im Auftrag der Deutschen Wildtier Stiftung eine Studie zur Situation der heimischen Schmetterlinge erstellt hat. Viele Falter und viele andere Insekten sind Sonnenanbeter. Sie brauchen die Wärme, um sich auf dem Wiesenboden oder im Dschungel der Halme erfolgreich entwickeln zu können. Wachsen nun einige der Kräuter und Gräser einer Magerwiese dank Düngung aus der Luft stärker als zuvor, heißt das, sie bilden höhere Halme, breitere Blätter, größere und mehr Blüten aus. Und das schirmt die Sonne stärker ab als zuvor. Auf dem Boden wird es dunkler und kühler. Auch hält sich jetzt die Feuchtigkeit länger in der Wiese, was wiederum zu einer

Abkühlung führt. So kommt es zu einer paradoxen Situation, da sind sich beide Studien einig: Zu Zeiten des Klimawandels verschwinden viele Schmetterlinge und andere Insekten, nicht etwa weil es ihnen zu warm wird, sondern ganz im Gegenteil, zu kalt.

Schmetterling *in* der Wiese, mag sich mancher nun wundern? Doch auch eine Raupe ist ein Schmetterling, nur in einem anderen Entwicklungsstadium. Genetisch sind der Falter und seine Larve identisch. Und viele Schmetterlinge, die wir über einer Blumenwiese gaukeln sehen, leben als Raupe mittendrin, im wogenden Meer der Stängel und Halme. Eine Raupe kann ihren Standort wechseln, kann höher hinauf, den wärmenden Sonnenstrahlen entgegenkrabbeln. Allerdings hat der erhöhte Platz an der Sonne seinen Preis: Exponiert sitzende Raupen werden leichter von Vögeln erspäht, die in der Wiese auf Insektenjagd unterwegs sind.

Wenn im Laufe der Evolution Raupen, die oben auf ihrer Futterpflanze sitzen, in größerer Zahl als jene mit einem tiefer gelegenen Sitzplatz von hungrigen Vögeln gefressen werden, bildet sich die Wahl des Aufenthaltsortes als genetisches Merkmal bei dieser Schmetterlingsart heraus. So tummeln sich etwa die Raupen von manchen Nachtfaltern wie Spannern und Schwärmern oder auch jene von Tagfaltern stets im »mittleren« Stockwerk und so gut wie nie ganz oben. Für den empfindlichen Schmetterlingsnachwuchs spielt es eine große Rolle, wenn es schattiger und kühler wird, weil die Wiese gedüngt wurde und deswegen die Pflanzen höher wachsen und dichter stehen. Die Raupen sind dann nicht so agil, nehmen weniger Nahrung auf und verdauen langsamer. Die Folge kann sein, dass die Larven eher von Raubinsekten erbeutet werden oder Parasiten zum Opfer fallen. Oder dass sie aufgrund geringerer Futteraufnahme zu schwächeren und unfitteren Faltern werden. Oder, im schlimmsten Fall, dass sie die Entwicklung zu einem ausgewachsenen Insekt gar nicht schaffen.

Wenn sich die Raupen der Wiesenschmetterlinge verpuppen, um sich in einen erwachsenen, fortpflanzungsfähigen Falter zu verwandeln, tun sie das ebenfalls meist nicht im Wipfelbereich der Wiese, also an den Spitzen der Grashalme oder unter den Fruchtständen der Wiesenkräuter. Die meisten von ihnen suchen dazu den bodennahen Bereich ihrer Futterpflanzen auf. Manche begeben sich auch in die Streuschicht auf dem Wiesenboden, also dorthin, wo sich abgestorbene Pflanzenteile und tierische Überreste als hauchdünne Kompostschicht sammeln. Wird diese Wiese dann gemäht, kommt es darauf an, wie. Moderne Kreiselmähwerke haben Trommeln, die dem Boden aufliegen, bei der Mahd dem Bodenrelief folgen und die Wiesenpflanzen in wenigen Zentimetern Höhe über dem Boden abschneiden. Das altmodische Balkenmähwerk oder gar die Sense, mit der in den vergangenen Jahrhunderten das Gras geschnitten wurde, waren ungenauer und setzten den Schnitt oft weniger tief an.

Es fällt nicht schwer, sich auszumalen, bei welcher Wiesenbewirtschaftung weniger Schmetterlingsraupen und -puppen beschädigt werden. Für die anderen Kleintiere, die in Blumenwiesen leben, dürfte das Gleiche gelten. Auch sind die modernen Mähwerke, die in sogenannter Schmetterlingsausführung mit einem Front- und zwei Seitenmähwerken Mähbreiten von mehr als zehn Metern erreichen, um ein Vielfaches schneller fertig mit einer Fläche als Balkenmäher oder Sense. Das trifft relativ langsame oder unbewegliche Wiesentiere hart. Nach Angaben der Deutschen Wildtier Stiftung kommen jährlich viele tausend Rehkitze bei Mäharbeiten ums Leben. Nimmt man Kröten, Eidechsen, Schlangen, Spitzmäuse und andere (durchwegs gesetzlich geschützte) Wirbeltiere mit dazu, geht die Zahl sicher in die Millionen.

Dennoch: Um eine Wiese zu erhalten, ganz gleich ob als Lebensraum für den Goldenen Scheckenfalter oder als Kinderstube für das Reh, muss man sie mähen. Nur extensives Beweiden einer Wiese ist besser, weil es die Verluste durch das Mähen dann nicht gibt. Sicher werden besonders Insektenlarven oder auch mal eine Ringelnatter von einem Rind zertreten. Und wahrscheinlich ist auch schon mal ein Rehkitz von einem Grasfresser niedergetrampelt worden. Aber im Allgemeinen ist der große Vorteil der Beweidung, dass die Mitbewohner in der Wiese mit dem langsamen Abweiden Schritt halten können, was ihnen beim Mähen der gesamten Fläche binnen Stunden oder sogar Minuten nicht immer gelingt.

Aber das Beweiden einer Wiese scheidet in vielen Fällen aus. Immer dann nämlich, wo Heu oder Silage als Tierfutter gewonnen werden soll. Dann wird eben gemäht.

Ein bisschen widersprüchlich klingt es ja: eine bunte Pflanzengesellschaft mit seltenen Orchideen und anderen Raritäten abzusäbeln, um sie zu schützen. Zum Glück sind ausnahmslos alle Wiesenpflanzen daran angepasst, abrasiert zu werden. Die scheinbar brutale Misshandlung dieses Lebensraumes gehört untrennbar zu seinem Dasein. Wie bei den Pflanzen haben auch die tierischen Wiesenbewohner gemeinsam, dass sie die Mahd (oder das Abgefressenwerden) ihres Lebensraumes nicht nur vertragen, sondern auch brauchen. Solange der Lebensraum intakt ist, kann sich eine Insektenpopulation halten und entwickeln, auch wenn mal mehr, mal weniger Individuen einer betreffenden Art umkommen. Würde man aus falsch verstandener Tierliebe ganz auf das Kurzhalten des Bewuchses verzichten, würde man dadurch die allermeisten Wiesenbewohner unweigerlich ausrotten.

Dieser Umstand erinnert an die oben gestellte große, unbeantwortete Frage: Gab es Blumenwiesen bereits bevor der Mensch eine Rolle spielte? Und wenn ja, wer hat die Wiesen »gemäht«?

KAPITEL 4

Bayerische Elefanten

Um zu verstehen, was eine Wiese überhaupt ist, kann es hilfreich sein, zu wissen, was eigentlich ein Wald ist. Natürlich kennt jeder von uns beide Welten, Wald und Wiese. Aber die Sache ist durchaus kompliziert. Denn im Wald wachsen ja auch Gräser und bunt blühende Kräuter. Und in der Wiese stehen mitunter Bäume.

Von Wald spricht man im Allgemeinen, wenn eine von Bäumen bewachsene Fläche so groß ist, dass dort ein eigenes Klima herrscht, also Beschattung und Verdunstung für feuchtere, kühlere Verhältnisse sorgen. In diesem Klima gedeihen ganz bestimmte Pflanzen und Tiere, die wiederum zur »Lebensgemeinschaft Wald« gehören. Parks, Gärten und andere Landschaftsformen sind also kein Wald, auch wenn dort viele Bäume wachsen. Es müssen schon sehr viele Bäume sein, sonst kommt kein Waldklima zustande.

Der Wald ist gewissermaßen das Gegenteil einer Wiese. In seinem Inneren ist es für die meisten Vertreter der heimischen Pflanzenwelt zu dunkel, um Fotosynthese betreiben und überleben zu können. Der Wald bildet dafür einen dreidimensionalen Raum, in dem auch für größere Tiere besondere Bewegungsformen möglich sind. Zum Beispiel das Springen von Baum zu Baum. Eine Fortbewegungsweise, die nach Auffassung vieler Biologen die Grundlage war für die Evolution des Fliegens. Tatsächlich gibt es auch heute noch eine Menge Tierarten, die sich von Baum zu Baum fortbewegen und raffinierte Flügelkonstruktionen entwickelt haben, um die überwindbaren Distanzen zwischen zwei Bäumen zu vergrößern: Flughörnchen, Gleitbeutler, Faltengeckos, Flugfrösche, fliegende Schlangen und andere. Die meisten davon Geschöpfe der Tropenwälder warmer Erdregionen. Aber nicht jeder Forscher ist von dieser Hypothese überzeugt, die im englischen Sprachraum griffig als »Trees-Down«-Theorie bezeichnet wird. Eine andere Vorstellung mit dem gleichfalls griffigen, international verständlichen Namen »Ground up« besagt, dass insbesondere die Vogelvorläufer über Wiesenhänge rennend und hüpfend ihren Feinden entflohen seien und so peu à peu das Fliegen erlernten. Der Haken an dieser Sache ist allerdings, dass die Flucht irgendwann den Hang hinab ins Tal führt und dort der Fressfeind, der ja Auslöser der Flucht war, leichtes Spiel hat. Im Wald dagegen sieht die Sache anders aus. Die Flucht per Gleitflug führt zwar auch hier der Schwerkraft folgend abwärts, allerdings landet der tierische Fluganfänger am nächsten Baum, den er sofort wieder hinaufkraxeln kann.

Der Münchner Evolutionsbiologe Dietrich Schaller hat sich ein Leben lang mit der Entstehung des Fliegens beschäftigt und ist ein vehementer Verfechter der Baum-Hypothese. Er hat einmal den Wald folgendermaßen definiert: »Eine große Ansammlung senkrechter Stämme, deren mittlerer Abstand geringer ist als deren mittlere Höhe.« Nur hier kann ein gleitfliegendes Tier, das noch am Anfang der Flugevolution steht oder »gerade dabei ist, ins Geschäft einzusteigen«, wie Schaller es ausdrückt, in alle möglichen Richtungen vor Angreifern flüchten, an einem anderen Baumstamm landen und erneut die Flucht in jede Richtung antreten, falls nötig.

Wäre im Umkehrschluss dann ein Lebensraum kein Wald, sondern Wiese, wenn auf ihm eine *geringe* Ansammlung senkrechter Stämme steht, deren mittlerer Abstand *größer* ist als deren mittlere Höhe? Dieser Gedanke wird uns noch beschäftigen, denn an dieser Vorstellung ist mehr dran, als man zunächst meinen möchte.

Ob baumbestanden oder nicht, wenn heute vom Grünland die Rede ist, meint man gemeinhin Wirtschaftswiesen und Weiden. Beide haben etwas Grundlegendes gemeinsam: Die Wiesenpflanzen werden immer wieder zurechtgestutzt. Im einen Fall bewerkstelligen das Traktor und Mähwerk. Im anderen Fall Nutztiere wie Kühe, Schafe oder Pferde. Das verhindert einerseits, dass die abgestorbenen Gräser und Kräuter vom Vorjahr als modernde Schicht liegen bleiben und sich zu viele Nährstoffe anreichern. Andererseits sorgt das Mähen und Beweiden dafür, dass nicht immer mehr Bäumchen emporwachsen, die das Grünland langsam, aber sicher in Wald verwandeln würden.

Natürlich gibt es Wiesen, die von Natur aus baumfrei sind, ohne dass sie gepflegt werden müssen, dort wie gesagt, wo es Bäume besonders schwer haben: Salzwiesen an den Küsten, Moor- oder Sumpfwiesen oder Bergwiesen oberhalb der Baumgrenze. Sie alle sind Sonderstandorte und spielen flächenmäßig und für unsere Betrachtungen keine Rolle. Außerhalb dieser besonderen Standorte listet das Bundesamt für Naturschutz (BfN) in einer Analyse der heimischen Lebensräume mehr als 60 verschiedene Wiesentypen mit so klangvollen Namen wie »Glatthafer-Talwiese«, »Goldhafer-Bergwiese« oder »Wiesenschaumkraut-Fuchsschwanzwiese« auf. Im vorigen Kapitel habe ich schon erwähnt, dass man im Allgemeinen davon ausgeht, dass diese Pflanzengesellschaften in ihrer heutigen Ausprägung durch den Menschen entstanden sind. Und was war vorher?

Die Antwort kennt nur der Wind. Eine mitteleuropäische Urlandschaft, die man studieren könnte, gibt es heute nicht mehr. Insbesondere der Wald, wie wir ihn in Mitteleuropa vorfinden, ist kein Urwald, sondern eine in

Jahrtausenden geschaffene Kulturlandschaft. Selbst wo der Wald nicht mehr bewirtschaftet wird, wächst nicht unbedingt Urwald heran wie vor Urzeiten.

Mit dem Ende der vorerst letzten Kaltzeit vor etwa 12 000 Jahren, der sogenannten Weichsel-Eiszeit, in Süddeutschland Würm-Eiszeit genannt, begann das Holozän, das gerne als »Nacheiszeitalter« bezeichnet wird. Ob der Name gerechtfertigt ist, wird sich, wenn auch in ferner Zukunft, zeigen. Sicher ist, dass der moderne Mensch das Land nördlich der Alpen gleich besiedelte, sobald sich die Eismassen in die Alpen und nach Skandinavien zurückzogen. Und er hatte einen großen Einfluss auf die Landschaft Mitteleuropas. Zum einen jagte der Homo sapiens das Wild, zum anderen nutzte er die Bäume des wiederkehrenden Waldes als Ressource. In der Jungsteinzeit und besonders in der darauf folgenden Bronzezeit dürfte der Holzbedarf der Menschen bereits hoch gewesen sein, schon wegen der Produktion von Holzkohle für die Erzschmelze. Zu Zeiten der Römer ging die Abholzung weiter, nicht zuletzt auch um Fußböden und Badeanstalten zu beheizen.

Vor etwa 7000 Jahren begann der Mensch hierzulande damit Felder anzulegen. Die frühen Bauern fällten Bäume mit Steinbeilen und legten Rodungen an. Das gewonnene Holz diente als Bau- und Brennmaterial, und das Vieh weidete in den Wäldern, die die Siedlungen umgaben. Wo Laubwald wuchs, suchten Rinder, Pferde und Ziegen nach Futter. In die Eichen- und

Buchenbestände wurden die Schweine getrieben, um sie mit Eicheln und Bucheckern zu mästen. Der Wald wurde durch all diese Haustiere verbissen und lichtete zunehmend auf.

Weil es anfangs noch keine Heuwiesen gab und auch keine Werkzeuge, um das Heu zu gewinnen, erntete man Laubheu: abgeschnittene Zweige verschiedener Laubbaumarten, die getrocknet wurden und als Winterfutter für das Vieh dienten. Der Wald blieb bis über das Mittelalter hinaus eine Art Selbstbedienungsladen und glich vielerorts sicher nicht dem, was wir heute Wald nennen. In der Literatur heißt es manchmal, dass sich die Landvermesser im 18. Jahrhundert gelegentlich damit schwertaten zu entscheiden, ob es sich bei einer begutachteten Fläche um eine Weide handelte, auf der einzelne Bäume standen, oder um einen aufgelichteten Wald.

Im 19. Jahrhundert war ein Tiefstand der Bewaldung in Deutschland erreicht, bedingt durch die anhaltend starke Beanspruchung. Man könnte auch sagen: durch ungezügeltes Plündern. Im Zuge der Industrialisierung ließ dann allerdings der Druck auf den Wald und auf Holz als Brennstoff nach. Braun- und Steinkohle konnten jetzt mit der Bahn über weite Strecken transportiert werden und schienen in schier unerschöpflichen Mengen vorhanden zu sein. Der über Jahrhunderte ausgebeutete Wald begann sich allmählich zu erholen. Er wurde zunehmend rational geplant und für die nachhaltige Holzproduktion bewirtschaftet: Unsere moderne

Kulturlandschaft entstand, mit den scharfen Trennlinien zwischen Forst beziehungsweise Wald auf der einen und dem Offenland, zu dem Wiesen und Weiden zählen, auf der anderen Seite. Klingt nach Happy End. Aber eine Natur, wie sie in den verschiedenen Warmzeiten vor der Weichsel-Kaltzeit existierte, konnte sich nördlich der Alpen nicht mehr entwickeln. Warum?

Bereits als Biologiestudent hatte ich meine Zweifel daran, dass unsere Wiesen künstliche Lebensräume sind und dass von Natur aus dichter Wald das Land bedecken würde, bis auf die paar Flecken Erde, wo Bäume nicht existieren können. Und ich hege diese Zweifel heute umso mehr. Ich habe in meinem bisherigen Leben so viele Wiesentiere beobachtet und gefilmt, konnte so viele Eindrücke sammeln von den komplexen Lebensgemeinschaften im Reich der Gräser, dass ich es mir beileibe nicht vorstellen kann, dass die Wiesen und all ihre Bewohner eine Kreation oder, besser gesagt, Komposition der selbsternannten Krone der Schöpfung sind.

Eines der größten Aha-Erlebnisse meines Lebens hatte ich dank Dietrich Schaller, dem Privatgelehrten mit der Walddefinition. Der Münchner Flugforscher war zu einem väterlichen Freund für mich geworden, und wir verbrachten unzählige Abende und Nächte bei gesüßtem Schwarztee und diskutierten über die Evolution und die Welt. Meist war er es, der das Gespräch dominierte, und er predigte förmlich das sogenannte

»Eckpfeilerwissen«, sah es als unerlässlich für einen Allround-Biologen an, sich neben der studierten Fachrichtung ein möglichst breites Wissen an repräsentativen Fakten zuzulegen, um ein Gefühl zu bekommen für die unterschiedlichsten Themenbereiche aus Zoologie und Botanik. Dietrich machte mich auf die Arbeit des Münchner Ökologen Axel Beutler aufmerksam, der sich wiederum seit Jahrzehnten mit Mammut, Wollnashorn & Co. beschäftigt hatte. Und dessen Aufsatz »Die Großtierfauna Europas und ihr Einfluß auf Vegetation und Landschaft« bewirkte in mir eine völlige Neuordnung meiner Sichtweise auf vieles in der Natur. Auf einmal verstand ich Dinge im Naturschutz, die mir zuvor so oft Kopfzerbrechen bereitet hatten.

Nach meinem Zivildienst beim Landesbund für Vogelschutz war ich in der LBV-Kreisgruppe Ebersberg aktiv, hatte sogar kurz den Vorsitz inne. Bei aller Frustration über zunehmend bedrohte Arten oder politische Entscheidungen, bei denen so oft die Natur den Kürzeren zog, fand ich es immer auch befriedigend, mit einer Handvoll Freiwilliger am Wochenende ein bisschen Naturschutz zu machen. Dazu gehörte auch das Pflanzen von Hecken. Und da gab es etwas, das ich früher nie verstanden hatte und das mir nach dem Lesen von Beutlers Großtier-Abhandlung auf einmal schlagartig einleuchtete. Warum nämlich eine Hecke mehr Vogelarten einen sicheren Brutplatz bietet, wenn man sie alle paar Jahre möglichst umfassend zurückschneidet. Einer der Spezialisten fürs Heckenpflanzen hatte mir diesen Umstand damals regelrecht eingebläut. Immer wieder sprach er davon, dass es ganz wichtig ist für Neuntöter & Co., dass wir regelmäßig im Winterhalbjahr unsere Hecke besuchen und mit der Astschere möglichst viele Schnitte machen. Sträucher wie der Weißdorn treiben an solchen Verletzungen in alle möglichen Richtungen aus. So entsteht mit der Zeit ein regelrechter Zickzackwuchs. Viele Sträucher entwickeln außerdem vermehrt Stacheln und Dornen. Die Hecke wird undurchdringlicher und ist am Schluss so dicht, dass selbst die natürlichen Feinde vieler Singvögel wie Elster und Krähe (die wohlgemerkt zoologisch gesehen selbst zu den Singvögeln gehören) Schwierigkeiten haben, die Nester unserer Lieblinge zu plündern.

Als junger Naturschützer hat mir das Heckenschneiden immer widerstrebt. Einmal, weil ich keine Lust dazu hatte, ein und dieselbe Naturschutzmaßnahme immer wieder aufs Neue zu beleben, andererseits, weil Naturschutz für mich vom Grundverständnis her bedeutete, die Natur sich selbst zu überlassen. Ich hatte damals keine Ahnung, wie fatal in vielen Fällen das »Sich-selbst-Überlassen« ist, wenn die Natur eines Lebensraumes nicht vollständig ist – wenn eines der wichtigen Zahnräder fehlt, wenn die Artenausstattung Lücken hat.

Das Problem der Neuntöter-Hecke, dass sie nämlich nur dann optimal funktioniert, wenn sich der Mensch mit der Heckenschere einmischt, stellt sich im übertragenen Sinne auch an anderer Stelle. Viele unserer bedrohten Lurche sind heute zum Beispiel darauf angewiesen, dass sich Reifen und Ketten von schweren Maschinen in den Boden drücken und auf diese Weise Vertiefungen entstehen, in denen sich nach dem nächsten Regenguss kleine Tümpel bilden. Einige Frösche, Unken, Kröten und Molche vermehren sich ausschließlich in Kleingewässern, die zwischendurch immer wieder austrocknen. Denn dort leben dank der regelmäßigen Trockenphasen keine Fische und kaum räuberische Insekten, Libellenlarven etwa, die den Lurchnachwuchs gefährden würden. Beispiele hierfür sind Kiesgruben, die fast immer tolle Biotope für Amphibien darstellen, solange sie in Betrieb sind. Das Gleiche gilt für Truppenübungsplätze: Solange die Panzer regelmäßig den Boden offen halten und Schlamm und Lehm in den Senken ihrer Übungsbahnen zusammenquetschen, so lange vermehren sich auch bedrohte Amphibien, oftmals in Massen. Wird so ein Kriegsspielplatz aufgelassen, verschwinden die kleinen Gewässer im Nu und große Laubfrosch- oder Kammmolch-Vorkommen brechen zusammen. Oftmals werden dann mit Geldmitteln aus verschiedenen Naturschutz-Töpfen immer wieder künstlich Kleingewässer angelegt, um das völlige Verschwinden der seltenen Frösche und Molche zu verhindern.

Auch im Wald lassen sich solche Effekte beobachten: Die viele Tonnen schweren »Harvester«, die futuristisch anmutenden Baumerntemaschinen, werden häufig kritisiert, weil sie den Waldboden verdichten und ihre Anwesenheit noch Jahre später zu spüren ist. Allerdings bilden sich in den Fahrspuren, die so ein Harvester hinterlässt, Kleingewässer, aus denen kurz darauf das melancholische Hupen der Gelbbauchunke ertönt. In diesen Minitümpeln im Wald vermehren sich auch Berg- und Teichmolche prächtig. Und das ist noch lange nicht alles! Neben den Lurchen profitieren unzählige andere Organismen wie Wasserkäfer, Wasserwanzen, kleine Krebschen, Moose und Pilze von den Störstellen im Wald. Dass die Harvester, genau wie anderswo Bagger oder Panzer, immer wieder einzelne der streng geschützten Amphibien überfahren, fällt nicht ins Gewicht, denn deren Vermehrungsraten sind hoch. Aber wehe wenn die tonnenschweren Fahrzeuge verschwinden. Wo immer das passiert, bedeutet es das sichere Aus für die seltenen Tiere. Denn in Seen, Teichen und Flüssen können diese Arten nicht leben.

Wer aber schuf kleine Tümpel, bevor es Menschen gab? Und wer würde sie heute immer neu erschaffen, wenn es uns Menschen und unsere Monstermaschinen nicht gäbe? Natürlich sammelt sich Wasser auch in vorhandenen Geländemulden oder unter den Wurzeltellern umgestürzter Bäume. Aber wenn der Boden der Kleingewässer nicht immer wieder verdichtet, zusammengedrückt wird, füllen sich solche Pfützen und Lachen rasch mit Falllaub und Schlamm, werden zu kleinen Sümpfen und verschwinden.

In der Wiese ist die Situation in gewissem Sinn ähnlich. Würde man die Natur im Grünland sich selbst überlassen, wäre ein großes Artensterben die Folge. Tatsächlich ist genau das eines der Probleme, mit denen der Wiesennaturschutz zu kämpfen hat. Denn nicht alle der verschwundenen, artenreichen Wiesen gingen durch Düngen und Optimieren verloren. Oftmals wurden und werden besonders unrentable Wiesen einfach aufgelassen. Mit fatalen Folgen für die Artenvielfalt vor Ort. So mancher Euro aus staatlichen Fördertöpfen fließt daher in die Bewirtschaftung solch unrentabler Standorte. Hier steht dann der Artenschutz im Vordergrund und nicht die Heu- oder Streuernte.

So ist es auch auf meiner »heiligen Wiese«, nur dass wir dafür keine Fördergelder bekommen. Ich sehe es aber durchaus als gerecht an, dass wir auf unsere Kosten die Feuchtwiese pflegen, damit der Dunkle Wiesenknopf-Ameisenbläuling und andere Arten leben können. Schließlich filmen wir die Bewohner der Wiese immer wieder. Man könnte sagen, wir bauen Wiesenknöpfe samt Ameisenbläulingen an, und der Anbau erfordert einen gewissen Mitteleinsatz. Der große Unterschied zum Anbau von Feldfrüchten ist allerdings, dass Pflanze und Falter vorher schon da waren.

Das Mahdgut meiner Bläulingswiese kann niemand so recht brauchen. Der Betreiber einer Biogasanlage holt es dankenswerterweise auf Zuruf ab, um es in den Bauch seiner Anlage zu tun. Das Schnittgut von der

Feuchtwiese ist im Vergleich zum frischen Schnittgut aus gedüngtem Grünland oder eigens angebautem Getreide allerdings ein ziemlich minderwertiges Biogassubstrat. Deswegen bezahle ich den freundlichen Energiewirt dafür, dass er alles abtransportiert. Würde es niemand holen, hätte ich, hätten die Falter und Heuschrecken ein Problem, weil das verrottende Schnittgut die empfindlicheren Kräuter ersticken würde.

Wieso aber profitierten so viele Arten davon, wenn Sträucher beschnitten, der Boden gewalzt und die Wiese gemäht wird? Das alles kam mir seinerzeit als junger Naturschützer höchst unnatürlich vor, obwohl mir seit jeher klar war, dass man auf solchen Flächen reichlich interessanteste Tiere finden kann. Ich hatte schon als Kind begriffen, dass man im Inneren dichter Wälder, auch in Naturschutzgebieten, verhältnismäßig wenig Tiere findet. Besonders, was Insekten oder Amphibien und Reptilien betrifft.

In Beutlers Abhandlung stand die Lösung für dieses und andere Probleme. Hier las ich zum ersten Mal ausführlich von den vielen Großtierarten, die es einst bei uns gab und die mit Ausnahme des Wisents, den um Haaresbreite das gleiche Schicksal ereilt hätte, ein für alle Mal vom Erdboden verschwunden sind: darunter Esel, Büffel, Auerochsen, Elefanten, Nashörner und Riesenhirsche. Dort stand auch, dass hierzulande nicht nur Wölfe und Bären, sondern auch eine ganze Menge anderer Großraubtiere jagten: Hyänen, Löwen und

Leoparden etwa. Und ich staunte nicht schlecht, als ich las, dass es viele dieser Arten wohl heute noch bei uns gäbe, wenn da nicht seit der letzten Eiszeit der Mensch gewesen wäre. Dabei hieß es doch in vielen Lehrbüchern, dass Riesenhirsch & Co. ausgestorben seien, weil sich am Ende der letzten »Eiszeit« das Klima veränderte und der Wald Besitz von der Landschaft ergriff. Schlüssig erklärte mir Beutlers Arbeit, dass es so nicht gewesen sein kann.

Eine Megafauna, also eine Zusammenstellung unterschiedlicher großer Tiere mit oftmals mehr als 1000 Kilogramm Körpergewicht, gab es in der jüngsten Erdgeschichte auf allen Kontinenten und auf den meisten Inseln. Selbst ziemlich kleine Eilande hatten ihre eigene Großtierfauna, manchmal mit Arten, die es ausschließlich hier gab, auf Elba und vielen anderen Mittelmeerinseln zum Beispiel. Doch ganz gleich wie groß oder klein eine Insel oder Region auch war, überall verschwanden die Großtiere, sobald der moderne Mensch auftauchte. Einzige Ausnahme war bis zu einem gewissen Grad der afrikanische Kontinent.

Zunächst mag unklar sein, ob die keimende Zivilisation oder die gewaltige Klimaänderung zu Beginn unserer Warmzeit die Ursache für das Aussterben der großen Pflanzenfresser war. Da es aber durchaus viele Regionen gibt, die der Mensch lange vor oder deutlich nach dem Ende der Eiszeit eroberte und die eben genau zu jenem Zeitpunkt ihre Megafauna verloren, liegt der Schluss nahe, dass es die frühzeitlichen Jäger waren und nicht das Klima, die den Pflanzenfresser-Kolossen den Garaus bereiteten. So existierten Riesenhirsche auf Irland ein paar hundert, im westlichen Sibirien sogar ein paar tausend Jahre länger als im Rest Europas. Ähnliche Beispiele finden sich weltweit.

In den zurückliegenden Eiszeiten lebten bei uns in Mitteleuropa kälteverträgliche Tierarten, meist mit zotteligem Fell ausgestattet wie bei Mammut, Rentier oder Moschusochse. In den Zwischenwarmzeiten zogen sich diese Arten nach Norden zurück und wurden von kurzhaarigen Verwandten ersetzt, die aus Refugien zwischen den Eismassen einwanderten, von denen im letzten Kapitel die Rede war. Kam die nächste Kaltzeit, kehrten sich die Wegweiser dieser Tierwanderungen wieder um. In der Folge gab es während der letzten Jahrmillionen zum Beispiel mehr oder weniger durchgehend Vertreter der Elefanten in Bayern, ganz gleich ob gerade Gletscher die Alpen bedeckten oder nicht. Bis der Mensch kam, mit modernen »Fernwaffen«. Denn Speerschleudern und Pfeil und Bogen waren die meisten Pflanzenfresser schutzlos ausgeliefert. Anders als in Afrika, wo die Säugetiere Millionen von Jahren Zeit hatten, sich an den zunehmend stärker bewaffneten Homo sapiens anzupassen, traf das in erdgeschichtlichen Maßstäben plötzliche Auftreten jagender Frühmenschen die hiesigen Pflanzenfresser völlig unvorbereitet.

In den Warmzeiten streifte der sogenannte Altelefant

durch das Gebiet Deutschlands, der Niederlande, Dänemarks und Polens. Immer wieder finden Paläontologen seine Knochen, und gelegentlich stecken noch Teile einer frühgeschichtlichen Lanze zwischen den Elefantenrippen. Welch gewaltigen Einfluss solch ein Tier mit vier Metern Schulterhöhe und zehn Tonnen Lebendgewicht auf seine Umwelt hat, wurde mir vor Augen geführt, als ich auf einer Drehreise nach Kenia die im Vergleich kleineren afrikanischen Elefanten dabei beobachtete, wie sie Akazien umwarfen, um an deren Blätter zu gelangen. Und wenn ich mich an dieselbe Reise und eine badende Elefantengruppe zurückerinnere, ist mir klar, dass es aus Sicht der Frösche egal ist, ob ihr Tümpel regelmäßig von Dickhäutern aufgesucht wird oder von Panzern und Baggern. Hauptsache, der Gewässerboden wird immer wieder gewalzt und massiert, damit er das Regenwasser für ein paar Wochen zurückhält. Das wohlige Schnorcheln schlammbadender grauer Ungetüme war sicher auch hierzulande einst eng mit dem Florieren von Gelbbauchunken- und Laubfroschbeständen verbunden.

Wie groß letztlich die Auswirkungen von Elefanten und anderen Megaherbivoren (großen Pflanzenfressern) auf die Landschaft sind, hängt sicher von deren Dichte ab. Sprich: Einzelne Großtiere schaffen vielleicht hie und da einen Tümpel, werfen da und dort einen Baum um. Aber erst viele Großtiere, die als Herden über die Ebenen ziehen, können die Bewaldung eines Landstrichs verhindern und ganze Landschaften als Savanne gestalten, als parkartige Wiesen- und Waldlandschaft.

Um den Einfluss der bei uns ursprünglich heimischen Großtiere auf die Landschaft abschätzen zu können, lohnt es sich, nach Indizien zu suchen, die Hinweise auf die Wilddichte von einst liefern. Etwa das Vorkommen von mächtigen Beutegreifern. Die Knochen von mehreren Raubtierarten finden sich praktisch überall in Europa: Bär, Luchs, Wolf, Vielfraß, Löwe, Leopard und Hyäne kamen mitunter im selben Lebensraum vor. Dann waren da noch die berühmten Säbelzahnkatzen, die noch in der letzten Kaltzeit bei uns verbreitet waren. Tiger, Leopard und Gepard wurden in der Türkei, also vor den Toren Europas, erst in historischer Zeit ausgerottet.

Eine bunte Mischung aus unterschiedlichen Beutegreifern trifft man heute etwa in afrikanischen Nationalparks an und zwar dort, wo es reichlich fette Beute gibt. In Mitteleuropa, wo Paläontologen eine ähnliche Kombination aus Raubtieren rekonstruiert haben, dürften die Zusammensetzung und Häufigkeit der Beutetierarten also nicht grundsätzlich anders gewesen sein, sonst hätten die Räuber zu viel Mühe bei der Nahrungsbeschaffung gehabt und wären abgewandert oder ausgestorben.

Auch die Auswirkungen der vielen Pflanzenfresser auf die Landschaft Afrikas sind bekannt, und so dürfte das Bild in Europa nicht grundlegend anders gewesen sein. Natürlich sind die Böden bei uns fruchtbarer und das Klima ist waldfreundlicher. Und sicher gab es weite Bereiche in Mitteleuropa, die über Zeiten dicht von Bäumen bestanden waren. Etwa wenn nach Seuchenereignissen, Klimaschwankungen oder aus anderen Gründen regional die Großtiere seltener geworden waren und sich der Wald schlagartig verjüngen konnte. Und haben die einzelnen Bäumchen und Bäume erst einmal eine gewisse Dicke, ist es auch für große Tiere nicht mehr so einfach, die Landschaft wieder zu öffnen. Eine 200 Jahre alte Buche wirft auch kein hungriger bayerischer Altelefant um. Das schaffen nur Pilze, die nach Stürmen oder Blitzschlag in Wunden im Baum eindringen können und ihn von innen heraus zum Absterben bringen. Eine einmal entstandene Lichtung im Wald kann aber sicher offen gehalten werden, wenn sie von wandernden Blätterfressern immer mal wieder aufgesucht und dabei der Jungwuchs aufgefuttert wird.

Mitteleuropa war in Phasen mit warmem Klima immer ein Waldland. Es muss dazwischen jedoch auch großflächige, savannenartige Bereiche gegeben haben, sonst hätten all die als Fossilien überlieferten Tiere hierzulande nicht dauerhaft existieren können. Es kann kein Zufall sein, dass die mit Abstand artenreichsten Waldbiotope, die es heute gibt, Hutewälder sind, also Waldweiden, in denen Haustiere fressen. Im Mittelalter trieb die Bevölkerung Rinder, Pferde und Ziegen regelmäßig zu Tausenden zum Weiden in die Wälder, obendrein die

Schweine im Herbst zur Mast mit Eicheln und anderen Baumsamen. Dass dabei so mancher Wald regelrecht verwüstet wurde, liegt auf der Hand. Das wiederum führte im 19. Jahrhundert dazu, dass die Waldweide fast überall in Mitteleuropa verboten wurde. Seit dieser Zeit entstand unser Bild vom Wald als »sehr große Ansammlung senkrechter Stämme, deren mittlerer Abstand geringer ist als deren mittlere Höhe«. Obgleich viele von uns einen besonderen Gefallen an Parklandschaften finden, wo sich einzelne Baumriesen, Baumgrüppchen und Hecken in eine Wiesenlandschaft einbetten. Ob uns hier das kollektive Gedächtnis an einen vielversprechenden Lebensraum erinnert, der unseren Vorfahren vor langer Zeit Unterschlupf und zugleich gute Jagdgründe bot?

Heute findet man das Miteinander von Großtieren und Wald bei uns nur noch ganz vereinzelt in Bergregionen, wo ein völliges Verbot der Waldweide für viele Almbauern das Aus bedeutet hätte und wo Ausnahmen von den Regelungen gemacht worden waren. Außerdem in einzelnen Naturschutzprojekten, setzt sich doch immer mehr die Erkenntnis durch, dass in Lebensräumen, in denen große Tiere weiden, eine besonders hohe Artenvielfalt herrscht und zahlreiche bedrohte Tier- und Pflanzenarten eine Heimat finden. Die Pflanzenfresser ersetzen einerseits teure Mäharbeiten und halten Bäumchen und Büsche in Schach. Andererseits lassen sie einen großen Strukturreichtum zu. Denn Heckrinder, Koniks,

Wasserbüffel und andere zur Beweidung von Schutzgebieten eingesetzte »Robustrassen« stört es nicht, wenn in der Wiese ein umgefallener Baum liegt. Sie fressen einfach drum herum. Ein Traktor mit Mähwerk ist da aufgeschmissen.

Großtiere hinterlassen auch reichlich Dung, der eine Armada von spezialisierten Käfer- und Fliegenarten anzieht und geradezu ein üppiges Buffet darstellt für insektenfressende Singvögel und andere Tiere. Und die Huftiere hinterlassen Suhlen, Scharr- und Wetzstellen: alles wertvolle Kleinlebensräume für tierische Mitbewohner. Denkt man an die große Zahl der bei uns ausgestorbenen, besser gesagt: mutmaßlich ausgerotteten Großsäuger, kann man sich vorstellen, dass solche Hutewaldlandschaften einst Standard waren und nicht die Ausnahme.

Seitdem mich das Wissen um unsere verlorenen Großtiere begleitet, entdecke ich überall Hinweise darauf, wie die Natur bei uns heute aussehen würde, wenn es den Menschen nie gegeben hätte. Wohl wissend, dass ich mich hier im Reich der Gedankenspiele befinde, um nicht zu sagen: der Spekulation. Es ist eine besondere Art »forensischer Ökologie«, bei der nicht der Todeszeitpunkt menschlicher Leichen anhand von tierischen Besiedlern, sondern das Wirken ausgestorbener Großtiere rekonstruiert wird. Dem Einwand, dass derlei Überlegungen wertlos seien, weil es den Menschen nun mal gibt und sein geschichtlicher Einfluss auf die Natur unumkehrbar ist, kann ich nur entgegnen, dass es für das Verständnis von laufenden biologischen Prozessen durchaus wichtig sein kann, naturgesetzmäßige Funktionen und Zusammenhänge zu verstehen, auch wenn sie ein Wechselspiel mit Arten betreffen, die heute nicht mehr existieren. So lassen sich manche Naturschutzmaßnahmen viel zielgerichteter planen. Will sagen: Für das Leben der tierischen Bewohner eines Naturschutzgebietes in Mitteleuropa ist es in den meisten Fällen unerheblich, ob ausgestorbene Riesenhirsche, Europäische Büffel oder Auerochsen ihren Lebensraum gestalten oder vom Menschen gezüchtete Wasserbüffel und Hausrinder. Hauptsache, große Tiere halten Wiesenflächen offen, drängen Gehölze zurück, legen Suhlen an und hinterlassen ihre »Häufchen«. Dürften die Weidetiere in ihrem Naturschutzgebiet auch draußen sterben, würde die Artenvielfalt im Gebiet noch mal reicher. Denn Aas und Kadaver sind in der Natur Lebensraum und Ressource zugleich, auf die unzählige Arten »scharf sind«. Von kleinen Fliegen und Käfern bis zu Adlern, Geiern und allerlei Raubsäugern. Weder Bär noch Wolf noch der Fuchs können widerstehen, wenn es irgendwo verführerisch nach totem Tier riecht.

Wie der Dung wenigstens mittelgroßer Säugetiere die Vielfalt des Lebens in Wiesen und Wäldern ankurbelt, erlebte ich auf einer Drehreise nach Österreich, in ein »verbotenes Gebiet«. Genauer gesagt bei einem Besuch in dem durch eine 26 Kilometer lange Ziegelmauer umschlossenen Jagdgatter, das Fürst Esterházy vor gut 250 Jahren im Leithagebirge am Neusiedler See errichtete. In dem 1200 Hektar großen »Esterházy-Tiergarten« tummeln sich mehrere Tausend Rot- und Damhirsche, Rehe, Wildschweine, Mufflons und andere jagdbare Tiere. Das Gebiet diente zunächst der höfischen Jagd und wurde nach dem letzten Krieg als Truppenübungsplatz genutzt. Dutzende uralte Bäume, vor allem Eichen, haben die Zeiten überstanden und in ihrem Leben kaiserliche Jagdgesellschaften, russische Panzer, Forstfahrzeuge und Geländewagen mit vermögenden Jagdgästen vorbeifahren sehen.

Das Besondere an diesen knorrigen Baumrecken ist, dass sie bis heute auf der freien Wiese stehen, in lockeren Grüppchen, umgeben von einem Ozean aus Gräsern, aus dem die Blüten zahlreicher Wiesenpflanzen ragen. Der relativ hohe Wildbestand sorgt dafür, dass die Baumgestalten nicht von kleinen Bäumchen überwuchert werden. Bei meinem Besuch mit der Kamera konnte ich sehen, dass aus Tausenden Eicheln, die im Vorjahr vom Mutterbaum gefallen waren, Hunderte kleine Eichen gekeimt waren. Aber die Huftiere des Tiergartens knabberten immer wieder ihre Blätter und Triebe an und ließen ihnen keine Chance. »Verbiss-Schaden« heißt das im Försterjargon.

Aber das ist aus ökologischer Sicht nur die eine Seite einer spannenden Medaille. Der Hunderte Kubikmeter mächtige Körper des Mutterbaumes steht dank der hungrigen Hirsche in der prallen Sonne und wird nicht durch eine aufkommende »Naturverjüngung« beschattet. Die Sonnenwärme wiederum lässt im Eichenholz ganz außergewöhnliche Käfer gedeihen, von denen der Hirschkäfer der prominenteste ist. Wegen ihm waren wir hierhergefahren. Nirgendwo gibt es so viele wie hier. Auch nicht in den vorwiegend forstlich genutzten Eichenwäldern, die die historische Ziegelmauer des Esterházy'schen Jagdgatters umgeben und wo der Wildbestand niedrig gehalten wird, um den Verbiss im Rahmen zu halten. In einem Wirtschaftswald ein vollkommen nachvollziehbares Handeln!

In der Drehgenehmigung aus der Forstverwaltung stand, dass wir uns auch abends und in der Nacht im Gebiet aufhalten durften, und schon am Ankunftstag war ich überwältigt. Gegen den Abendhimmel, an dem die letzten Lila- und Rosatöne zu verblassen begannen, waren plötzlich jede Menge Silhouetten großer Insekten mit abgespreizten Flügeldecken und riesigen Kieferzangen und langen Fühlern zu erkennen. Die Hirschkäfer und verschiedene Bockkäfer waren munter geworden. Den Tag haben sie auf den Bäumen verbracht, um den zahlreichen Vögeln nicht aufzufallen, die hier Jagd auf Großinsekten machen. Die mächtigen Käfer werden deswegen erst aktiv, wenn Neuntöter, Blauracke und Rabenkrähe schlafen gehen.

Fast überall zwischen den Bäumen flogen Großinsekten. Und an den rissigen Stämmen der jahrhundertealten Eichen versammelten sich hie und da Gruppen aus Dutzenden Käfern. Wo eine Eiche eine Verletzung hatte und Baumsaft austrat, labten sich nicht nur die Geweihträger unter den Käfern, die freilich nur stark vergrößerte Mandibeln, also Mundwerkzeuge, haben und keinen Kopfschmuck wie ein Hirsch. Hier waren zudem Bockkäfer, kleine Kurzflügelkäfer und mehrere Ordensbänder versammelt. Das sind prächtige, große Nachtfalter mit leuchtend bunten Hinterflügeln, die zur Schmetterlingsfamilie der Eulen gehören. Gefiederte Eulen waren ebenfalls da, aus allen Richtungen drangen etwa die Rufe der Steinkäuzchen zu mir.

Unter einer der alten Eichen stießen wir auf einen »Hirschkäferfriedhof«. Er stammte von den kleinen Eulen, die gerne immer dieselben Äste anfliegen, um dort in aller Ruhe die gefangenen Käfer zu verspeisen. Die unverdaulichen Köpfe und Flügeldecken lassen sie dabei auf den Boden fallen. In optimalen Hirschkäfer-(und Steinkauz-)Biotopen kann man an solchen Plätzen Dutzende oder sogar Hunderte Hirschkäferköpfe finden.

Wohin der Lichtkegel meiner Taschenlampe auch schien, überall waren Fledermäuse unterwegs. Die hatten es allerdings weniger auf die umherschwirrenden Großkäfer abgesehen, sondern vielmehr auf Heerscharen von Mistkäfern, die in großer Zahl auf dem Boden unterwegs waren. Mehrere Fledermausarten sind nämlich darauf spezialisiert, Käfer vom Erdboden aufzulesen. In einem Forst, in dem wenig Wild lebt, werden diese Arten nicht so leicht satt.

Der Besuch bei den Hirschkäfern im Leithagebirge führte mir jedenfalls zum ersten Mal vor Augen, wie produktiv eine halboffene Wiesen- und Waldlandschaft ist. Natürlich ist die Anwesenheit der vielen Paarhufer ein Nachteil für die Holzproduktion. Da Einnahmen aus der Forstwirtschaft neben der Jagd ein zweites Standbein im Esterházy'schen Jagdgatter sind, versucht man den Verbiss in Grenzen zu halten, indem man das Wild füttert. So läuft es weniger hungrig durch den Wald, und der Wald hat die Chance, sich zu verjüngen.

Ein ähnlich arten- und individuenreiches Waldgebiet, das ohne zusätzliche Fütterung auskommt und wo die Säugetiere noch größer sind, konnte ich auf einem anderen Dreh besuchen. Die Hutewälder im südniedersächsischen Solling öffneten mir die Augen zum Thema »Wald und Wiese« noch ein Stück weiter. Im Jahr 2000 startete das Bundesamt für Naturschutz im Weserbergland, in Zusammenarbeit mit der Fachhochschule Lippe-Höxter und dem Naturpark Solling-Vogler, ein Hutewald-Forschungsprojekt. Heckrinder, die ein bisschen so aussehen wie die ausgestorbenen Auerochsen, und Exmoor-Ponys, eine recht ursprüngliche Pferderasse, wurden in einem eingezäunten Waldgebiet freigelassen und konnten in ihrem neuen Lebensraum fortan tun und lassen, was sie wollen, besser gesagt: was ihre angeborenen Instinkte ihnen diktieren.

Ein Mitarbeiter der Forschungstruppe zeigte mir zwei Tage lang, wo und wie sich die Anwesenheit der großen Tiere bemerkbar machte. Er war Flechtenspezialist und kannte sich gut mit Pilzen aus. Und geriet ins Schwärmen. Jede Menge äußerst seltener Arten habe man schon wenige Jahre nach dem Einzug der großen Huftiere entdeckt. Sie lebten zum Beispiel an Schälstellen, wo die Pferde Rinde von den Bäumen geknabbert hatten, und würden ansonsten in Deutschland nur ganz vereinzelt in sogenannten Rückegassen für den Abtransport gefällter Bäume gefunden, wo die bei vielen Naturschützern so verhassten Harvester ebenfalls Schäden an stehenden Bäumen hinterlassen. Er zeigte mir Flächen, auf denen fast alle Baumkeimlinge aus dem letzten Jahr abgeknabbert worden waren. Und dann betraten wir eine Freifläche, und es fiel mir wie Schuppen von den Augen. Auf einmal kam da eins zum anderen.

Obwohl auch hier die gefräßigen Rinder und Pferde herumstromerten, keimten an mehreren Stellen unbehelligt Eichen und Buchen auf der Wiese. Allerdings an ganz besonderen Stellen: Einmal lag da ein umgestürzter, alter Baum. Seine Krone war längst entlaubt, und auch die dünneren Zweige waren bereits vertrocknet und herabgefallen. Aber nach wie vor lag da ein reich verzweigtes Baumskelett, in dessen Gewirr Dutzende, wenn nicht Hunderte von jungen Bäumchen standen. Die Großtiere kamen an sie nicht so recht heran, trauten sich vielleicht auch nicht, weil sie derart eingeengt und an plötzlicher

Flucht gehindert eine zu leichte Beute für angreifende Großraubtiere werden könnten. Man darf getrost davon ausgehen, dass der rückgezüchtete Auerochse noch gewisse Feindabwehr-Strategien besitzt. Auch wenn er vermutlich nicht mitbekommen hat, dass es solche Großraubtiere in seinem Lebensraum nicht mehr gibt.

Die zweite Situation, in der ich daumendicke Laubbäumchen bewundern durfte, faszinierte mich noch mehr. Ein kleines Weißdorn- und Schlehengebüsch auf der Wiese sah aus wie ein Haufen Stacheldraht. Absolut undurchdringlich! Und aus seiner Mitte ragten die Kinder der nahen Waldbäume. Die Großtiere hatten durch das häufige Herumknabbern an den kleinen saftigen Blättchen im Frühjahr dafür gesorgt, dass die Sträucher immer dichter wurden und immer mehr Stacheln entwickelten. In diesem »Hochsicherheitsgestrüpp« konnten nun Baumsamen zu Jungbäumen werden und zudem Grasmücken und andere Singvögel unbehelligt ihre Jungen großziehen. Keine Katze und keine Elster kann hier den Nachwuchs aus dem Nest holen!

Solche Zusammenhänge und auch die Tatsache, dass ein Drittel aller heimischen Farn- und Blütenpflanzen und mehrere tausend kleine Tierarten unserer Breiten im Grünland zu Hause sind, darf als Indiz dafür gelten, dass es sich bei »Wiese und Weide« um einen uralten Lebensraumtyp handelt und nicht um ein Habitat, das erst entstanden ist, nachdem der Mensch den Wald gerodet hatte. Natürlich wuchsen die Gesellschaften der

Wiesenpflanzen zu Urzeiten nicht als symmetrische und scharf begrenzte Fläche, auf der kein Baum und kein Strauch steht. Vielmehr muss man sich die Wiesen vergangener Warmzeiten als durchaus baumbestandenen, jedenfalls lichtdurchfluteten Lebensraum vorstellen, in dem Gräser und blühende Kräuter einen wichtigen Teil der Vegetation ausmachen. Hier mehr, dort weniger.

Nun kommt der Umkehrschluss von Schallers Wald-Definition ins Spiel: Eine Wiese im Sinne der Urlandschaft Mitteleuropas ist vielleicht tatsächlich ein Gelände, wo der mittlere Abstand der Bäume größer ist als deren mittlere Höhe. Nur wo Bäume als Schattenspender weit auseinanderstehen, kann das Sonnenlicht bis auf den Boden dringen und das Leben befeuern. Hunderte Pflanzenarten können hier Fotosynthese betreiben und zwischen den Bäumen gedeihen. In der Folge können sich auch Hunderte Tierarten ansiedeln und vermehren, die von den Gräsern und Kräutern leben. Und die wiederum locken Raubtiere an, die Jagd auf die Bewohner der »Waldwiesen« machen. Fressen die Großtiere zu viel, wird die Nahrung knapp, und sie ziehen weiter. Gibt es ein üppiges Angebot an Zweigen und Blättern, bleiben sie länger. So kann sich ein Gleichgewicht einstellen. Zwar segeln jedes Jahr im Herbst Myriaden von Baumsamen zu Boden, aus denen dann eine Armee aus Keimlingen wird. Und dieses Heer der Jungbäume ist bereit, jede Lichtung im Handumdrehen einzunehmen und binnen weniger Jahrzehnte in dichten

Jungwald zu verwandeln. Es sei denn, große Tiere oder der Mensch und seine Maschinen halten sie auf.

Dieser Kampf zwischen Wald und Wiese darf aber nicht als aus den Fugen geratenes Gleichgewicht verstanden werden. Es ist vielmehr ein dynamischer Prozess. Mehr Sträucher und Bäume bedeuten mehr Futter für die Laubfresser unter den großen Tieren. In größeren Savannenbereichen vermehren sich dafür die Grasfresser besser. Die Pflanzen wehren sich gegen die hungrigen Mäuler mit eingelagerten Giftstoffen, Stacheln und Zickzackwuchs. Dazwischen existieren all die Raubtiere, die ihrerseits einen Einfluss auf die Populationsentwicklung der Pflanzenfresser haben.

Wahrscheinlich war unser Land in vergangenen Warmzeiten von diesem natürlichen Gegen- und Miteinander geprägt, und das Resultat war ein buntes Mosaik aus Habitaten mit ihren jeweiligen Lebensgemeinschaften. Auch heute haben wir nach wie vor beides, Wald und Wiese. Aber kaum mehr in bunter Mischung, sondern sauber getrennt. Wo diese Trennung unscharf wird, explodiert der Artenreichtum.

So erklärt sich, warum in unserer Kulturlandschaft die Anzahl an Pflanzen- und Tierarten in Wiesengebieten mit eingestreuten Wäldchen, Gebüschen und Einzelbäumen wesentlich größer ist als in jedem geschlossenen Wald, und sei er noch so naturnah bewirtschaftet oder gar sich selbst überlassen. Und es wird auch klar, weshalb die Tierartenzahl in Schutzgebieten deutlich ansteigt, wenn große Tiere anstelle von Mähmaschinen zur Landschaftspflege eingesetzt werden. Ein einziger Dungfladen eines Wasserbüffels, heißt es, ernährt ein Kiebitzküken einen ganzen Tag. Die Tierwelt, die auf und von den Hinterlassenschaften der großen Pflanzenfresser lebt, würde alleine ein ganzes Buch füllen.

Ob nun in der mitteleuropäischen Urlandschaft der Anteil dessen größer war, was wir Wald nennen, oder dessen, was für uns eine Wiese ist, wird wohl für alle Zeit ungeklärt bleiben. Und vielleicht ist die Beantwortung dieser Frage auch nicht wichtig. Wir können und wir wollen die Kulturlandschaft des 21. Jahrhunderts ja nicht auf den Kopf stellen. Mir persönlich würde es genügen, wenn wir es schaffen würden, die letzten blühenden Wiesen und die artenreichen Wälder, die wir noch haben, zu erhalten. Beide Landschaftsformen mögen in der heutigen Form vom Menschen geschaffen worden sein. Aber beide sind wertvolle Lebensräume für die heimische Fauna und Flora, und beide sind schlichtweg wunderschön. Ob nun die Bäume weiter auseinanderstehen als ihre mittlere Länge oder näher zusammen, ist dabei eigentlich zweitrangig.

KAPITEL 5

Schlangen und Orchideen

Ich liebe Schlangen, Reptilien überhaupt. Bis heute gehört es zu meinen Lieblingsbeschäftigungen, die oftmals perfekt getarnten Schuppentiere in ihrem natürlichen Lebensraum aufzuspüren. Als Kind wollte ich am liebsten jede Schlange, die mir oder besser: der ich über den Weg lief, erst einmal fangen. Das direkte Erleben der von mir so geliebten Kriechtiere war für mich das Schönste überhaupt, und da gehörte das Anfassen unbedingt dazu. Von einer (ungiftigen) Zornnatter in Kroatien gebissen zu werden, jagte mir keinen Schreck ein, sondern war für mich eher wie eine Auszeichnung, ähnlich wie für einen Studenten vergangener Tage ein Schmiss aus einer Mensur.

Nirgendwo auf der Welt war ich so oft und so gern wie im Norden Dalmatiens. Ich habe durchaus schon einiges gesehen von der Welt und ihren unendlich vielen wunderbaren Naturräumen. Aber nach wie vor gefällt es mir in den Karstlandschaften am nördlichen Mittelmeer am besten. Über nach mediterranen Kräutern duftende Wiesen zu spazieren und die umgebenden Lesesteinmauern nach Eidechsen und Schlangen abzusuchen war schon zu Schulzeiten meine größte Sehnsucht. Das eine oder andere gefangene Tier später zu Hause im Terrarium zu beobachten die Krönung. Damals stand in meinem Kinderzimmer auch ein Becken neben meinem Bett, in dem ein Pärchen Kreuzottern wohnte. Das Weibchen war bereits begattet gewesen, als ich es fing, und so brachte es eines Tages im August einen Schwung – wie für Kreuzottern üblich – lebende Junge zur Welt. Ich filmte den Geburtsvorgang mit der Super-8-Filmkamera meines Vaters. Die Aufnahmen habe ich noch heute. An vielen Stellen unscharf, aber dafür ein Dokument einer Kindheit voller Abenteuer.

Noch zu Lebzeiten meines Großvaters fielen Tausende, wenn nicht Hunderttausende von Kreuzottern Ausrottungskampagnen zum Opfer. 1980 kippte die Sache ins Gegenteil, und das Töten (und Fangen) von Kreuzottern wie aller anderen Kriechtiere wurde gesetzlich verboten. Die kleine Giftschlange war also binnen weniger Jahrzehnte vom staatlich anerkannten Schädling, für den Kopfprämien bezahlt wurden, zum Schützling mutiert. Als Kind konnte ich nicht verstehen, wie eine Tierart erst massenhaft verfolgt und dann so streng geschützt werden konnte. Offensichtlich hatte das eine die

Schlange nicht ausrotten können, aber dann würde das andere dem Bestand erst recht nicht schaden! Dass es für den Schutz der kleinen Giftschlange unerheblich ist, ob ein paar Exemplare vorübergehend in einem Terrarium sitzen oder nicht, davon war ich überzeugt. Zumal ich meine Pfleglinge stets nach einiger Zeit wieder zurückbrachte an ihren Fundort.

Heute verschafft es mir mehr Befriedigung, Schlangen und Eidechsen heimlich mit der Kamera abzulichten. Zwar lässt sich ein erbeutetes Reptil relativ leicht fotogerecht drapieren, denn es bleibt meist brav liegen, bis man seine Bilder im Kasten hat, das hatte ich in meiner Jugend ausgiebig getestet. Aber im Laufe der Jahre kam ich dahinter, dass Schuppenkriechtiere in einer Aufnahme nur dann richtig natürlich wirken, wenn sie sich mit ihren elastischen Körpern aus freien Stücken an den Untergrund schmiegen. Nur dann zeigen sie ihre perfekte Anpassung an den jeweiligen Lebensraum. Außerdem stellen die Tiere, wenn sie unbehelligt bleiben, mit etwas Glück ein natürliches Verhalten zur Schau, das über ein »In der Sonne liegen« hinausgeht. So wie bei den Kreuzottern, die ich für unseren Kinofilm *Magie der Moore* dabei filmte, wie sich die Männchen in Ringkämpfen um die Gunst der Weibchen bemühen. Dafür lag ich an zwei Jahren jeweils Anfang Mai bäuchlings in einer winzigen Moorwiese, die von einem trockenen Torfrücken gesäumt war.

In diesem kleinen Feuchtgebiet am Alpenrand versammeln sich Jahr für Jahr ein halbes Dutzend Ottermännchen, um sich zu umschlängeln und umschlingen. Sie machen dabei aus, wer sich mit welchem Weibchen verpaaren darf. Der viel zu früh verstorbene Allround-Zoologe und Reptilienexperte Wolfgang Völkl, der Leiter des »Artenhilfsprogramms Kreuzotter« am Bayerischen Landesamt für Umweltschutz, hatte mir einige der besten bayerischen Kreuzotter-Vorkommen genannt. Nur wo der Lebensraum noch optimal ist und wo viele Individuen der kleinen Giftschlange nah beieinanderleben, hat man eine Chance, auf kämpfende Männchen zu treffen, meinte er. Solche Gebiete werden immer rarer, und zwar aus einem einfachen Grund: die zunehmende Verinselung ihres Lebensraumes.

Vor langer Zeit, als der Mensch noch nicht das Land gestaltet hat, lag nördlich der Alpen ein breiter Gürtel aus Mooren, Seen und sumpfigen Wäldern, durchzogen von kleinen und großen Flüssen. Damals dürfte die Kreuzotter hier ein mehr oder weniger geschlossenes Gebiet besiedelt haben. Wenn an einem bestimmten Ort alle Kreuzottern starben, etwa nach einem verheerenden Brand, in einem besonders trockenen Sommer, nach einer Überschwemmung im Winter oder nach einer Seuche, dann konnten aus den umliegenden Gebieten rasch Giftschlangen zuwandern und den frei gewordenen Lebensraum aufs Neue besiedeln. Doch das Alpenvorland hat, wie alle vergleichbaren Moorlandschaften in Deutschland, sein Gesicht stark verändert. Heute ist die Kreuzotter zwar noch überall verbreitet, aber nur in weit voneinander entfernt liegenden Lebensrauminseln. Nach wie vor existieren im Voralpenland Dutzende Moore, in denen Kreuzottern leben. Stirbt aber in einem dieser Gebiete die kleine Giftschlange aus, kann es nicht so einfach wieder von Tieren aus anderen Gebieten erobert werden, weil die Umgebung großflächig »kreuzotterfeindlich« ist. Maisäcker, Landstraßen und Gewerbegebiete sind für viele Reptilien schier unüberwindbare Hürden. Es gibt heute kleine, isolierte Naturschutzgebiete, in denen ein paar Dutzend Kreuzottern leben. Da kann es leicht passieren, dass der Bestand zusammenbricht.

So wie der Kreuzotter geht es vielen Tieren mit besonderen Ansprüchen an ihren Lebensraum. Besonders natürlich jenen, die nicht fliegen können, die klein sind, keine oder kurze Beine haben. Mittlerweile sind auch artenreiche Blumenwiesen Inseln in einer verarmten Landschaft. Und viele einst häufige Wiesenbewohner sind zu Insulanern geworden, die kaum mehr eine Chance haben, mit den Artgenossen des nächstgelegenen Vorkommens in einen Austausch zu treten. Hinzu kommt, dass solche Inseln leider auch immer weniger werden.

Irgendwann im Frühling 2009 besuchte mich mein Freund, der Naturfotograf Andi Hartl, und er kam mit einer schier unglaublichen Nachricht. Er hatte in unserem Landkreis und gar nicht sehr weit von unserem Wohnort entfernt eine riesige Orchideenwiese entdeckt, mit Tausenden von Knabenkräutern. Inmitten einer Agrarlandschaft, in der es immer weniger Grünland gab und wo stattdessen immer mehr Mais angebaut wurde, lag versteckt eine mehrere Hektar große Wiese, in der es von Blumen und Insekten nur so wimmelte. Mittendrin ein mächtiger, alter Birnbaum, am Rande das fast wie ein Bauernhofmuseum wirkende kleine Anwesen des 80-jährigen Grundbesitzers.

An einem sonnigen Tag im Mai fuhren wir zu zweit zu der Wiese, um sie gemeinsam in Augenschein zu nehmen. Von einer kleinen Landstraße, die sich durch die Moränenhügel schlängelte, die die Gletscher der letzten Eiszeiten hierhergeschoben hatten, zweigte ein noch kleineres Sträßchen ab. Von diesem wiederum führte in spitzem Winkel ein Feldweg hinab in ein weites Tal, in dem die Welt stehen geblieben zu sein schien. Da war einmal der wie aus der Zeit gefallene Bauernhof, umringt von alten Obstbäumen, Rosen und Hollerbüschen. Aus allen Richtungen schallte das melodische Zirpen der Feldgrillen. Weil wir vor Augen hatten, welche Ansprüche die kleinen Musikanten mit den dicken, schwarzen Köpfen an ihren Lebensraum stellen, mussten wir die Umgebung gar nicht erst inspizieren, um zu wissen, dass es sich um blütenreiche, vielfältige und magere Wiesen handelte.

Ein alter Bauer, dem man die jahrzehntelange Arbeit auf dem Feld ansah, empfing uns. Er war sehr freundlich und bat uns durch das Kreuzgewölbe des Flurs in die Stube des Bauernhauses, wo er uns Getränke anbot. Er nahm den Kronkorken von einer bereits geöffneten Flasche Bier, trank einen Schluck und begann zu erzählen:

von den vielen Blumen und dass sich niemals etwas groß geändert habe auf seiner Wiese, seit er denken könne. Er schien dafür dankbar zu sein, dass sich jemand für ihn und seine Wiese interessierte, und er wusste ganz offensichtlich zu schätzen, was er da hatte.

Kein Dünger sei jemals ausgebracht worden, versicherte er, nur gelegentlich etwas Thomasmehl (ein phosphathaltiges Nebenprodukt der Stahlerzeugung). Auf meine Frage entgegnete er wohlwollend, dass wir jederzeit auf seiner Wiese Filmaufnahmen machen dürften. Er würde auch seinen alten Schlüter-Traktor aus der Scheune holen und uns das Mähen mit dem Balkenmähwerk vorführen. In seinem freundlich verschmitzten Gesicht blitzte regelrechte Begeisterung auf. Dann wurde er ernst. Er nahm noch einen Schluck aus der Bierflasche und wischte sich mit dem Handrücken über die schmalen Lippen, hinter denen die Zahnreihen bereits mehr als eine Lücke aufwiesen. Weil seine Frau und er schon alt seien und sie keine Nachkommen hätten, die den Hof übernehmen würden, hätten sie beschlossen, das Vieh bis auf die Hühner zu verkaufen und die große Blumenwiese zu verpachten. Ein benachbarter Landwirt habe ohnehin schon öfters Interesse bekundet, und so sei dann irgendwann mündlich und per Handschlag ein Pachtvertrag geschlossen worden.

Seine Miene verfinsterte sich. Er habe klipp und klar gesagt, dass da keine Gülle und kein Kunstdünger draufkommen soll! Aber der Pächter vom Nachbarhof würde sich nicht darum scheren und sei gleich mal mit dem Güllefass angerückt, mittlerweile schon zum dritten Mal. Der alte Mann wirkte auf einmal zornig und gleichzeitig hilflos. Wut kam auch in mir hoch. Ich wusste, dass nur wenige Güllegaben eine derart artenreiche Wiese nachhaltig schaden können und dass insbesondere die beiden Orchideenarten, das Gefleckte und das Fleischfarbene Knabenkraut, in unserem Landkreis kurz vor dem völligen Verschwinden standen. Diese Orchideen leben nämlich in enger Symbiose zusammen mit einem Pilz, der in die Orchideenwurzeln hineinwächst. Auf diese Weise findet ein Stoffaustausch statt. Die Pilze liefern dem Partner Nährsalze und Wasser; die Orchidee gibt im Gegenzug Kohlenhydrate ab, die sie mit Hilfe von Sonnenlicht und Blattgrün erzeugt. Kommen nun mit der Gülle Nitrate auf die Wiese, stirbt der Pilzpartner ab und die Orchidee verhungert. Zudem wird das zierliche Knabenkraut schnell überwuchert, wenn der Dünger das Wachstum benachbarter Wiesenpflanzen befeuert. Häufiges Mähen ertragen die empfindlichen Gewächse auch nicht. Aus all diesen Gründen sieht man heute weit und breit keine Orchideenwiesen mehr. Diese hier war in unserem Landkreis die letzte.

Nitrate töten nicht nur die unsichtbaren Pilzpartner. In mageren Wiesen leben auch Pilze, deren Fruchtkörper zu den buntesten überhaupt gehören: Saftlinge. Kleine glänzende Pilze, die aussehen wie aus Glas oder Wachs und die oft knallig gefärbt sind: rot, gelb, rosa oder grün. Es sind ausgesprochene Wiesenpilze, und – wen wundert's – alle Saftlingsarten sind in ihrem Fortbestand bedroht und streng geschützt. Letzteres nützt ihnen allerdings wenig. Der Stickstoff macht den Saftlingen den Garaus. Ein paar Gaben Kunstdünger oder Gülle und sie sind weg. Rainer Wald von der Deutschen Gesellschaft für Mykologie (Pilzkunde) betont, dass das Leben im Boden seit Urzeiten an permanente Nährstoffarmut angewiesen ist. Pilze spielen da eine wichtige Rolle, denn sie zersetzen organisches Material, machen die Nährstoffe für die Pflanzen verfügbar. Die massive Düngung durch den Menschen bringt das Gleichgewicht im Boden durcheinander. Nicht nur in Wiesen, in denen Knabenkräuter mit ihrem sensiblen Pilzpartner wachsen.

Andi und ich gingen mit dem alten Bauern nach draußen. Es roch nach Bauernhof und nach Frühsommer. Keine hundert Meter hinter seinem Hof standen wir drei kurz darauf in einem Meer aus Gräsern und bunt blühenden Kräutern, aus dem überall die violetten Blütenstände der Knabenkräuter ragten. Es mussten wirklich Tausende sein. Wir versprachen uns um die Angelegenheit zu kümmern, ohne genau zu wissen, wie. Andi hatte eine leitende Funktion in der Stadtverwaltung und wusste, dass man auch bei noch so wertvollen Flächen nicht einfach einen bestehenden Pachtvertrag auflösen kann. Zwar gebe es hierfür theoretisch gesetzliche Möglichkeiten, aber die würden in solchen Fällen eigentlich nie ausgeschöpft. Es musste also eine einvernehmliche

FEUCHTWIESE

1 Die Kuckuckslichtnelke *(Silene flos-cuculi)* gedeiht in mageren, wechselfeuchten Wiesen. Foto: Jan Haft

2 Die seltene Knollen-Kratzdistel *(Cirsium tuberosum)* braucht einen nährstoffarmen, wechselfeuchten Boden und ist eine gute Insektenweide. Foto: Jan Haft

3 Die Kohlkratz- oder Kohldistel *(Cirsium oleraceum)* siedelt auf fettem Boden und ist eine wertvolle Bienen- und Falterweide. Foto: Jan Haft

4 Nährstoffreiche Feuchtwiese mit Sumpf-schwertlilie *(Iris pseudacorus)* und Wiesen-fuchsschwanz *(Alopecurus pratensis)*. Foto: Jan Haft

1 Der häufige Wiesen- oder Rotklee *(Trifolium pratense)* hat Samen, die im Boden über Jahrzehnte keimfähig bleiben. Foto: Jan Haft

2 Die Schachbrettblume *(Fritillaria meleagris)* ist überall selten, kann aber auf Überschwemmungswiesen Massenbestände bilden. Foto: Jan Haft

3 Der Wiesen-Sauerampfer *(Rumex acetosa)* gedeiht selbst in stark gedüngten Wirtschaftswiesen. Foto: Jan Haft

4 Die Kuckuckslichtnelke *(Silene flos-cuculi)* lockt besonders Hummeln, Bienen und Tagfalter an. Foto: Jan Haft

1 Bodenbrüter Kiebitz *(Vanellus vanellus)* mit Gelege in blühender Sand-Schaumkresse *(Arabidopsis arenosa).* Foto: Jan Haft / nautilusfilm

2 Unvollständiges Kiebitzgelege: Fast immer sind es am Ende vier Eier. Foto: Jan Haft / nautilusfilm

3 Kiebitzpaar beim Synchronflug. Die Vögel führen spektakuläre Balzflüge auf. Foto: Andreas Hartl

4 Kiebitz mit Küken in verblühter Sand-Schaumkresse. Kiebitze kehren immer an denselben Nistplatz zurück und sind ihrem Partner treu. Foto: Jan Haft / nautilusfilm

1 Roesels Beißschrecke *(Roeseliana roeselii)*. Ihr sirrender Gesang dringt fast überall in Europa selbst aus (mäßig) gedüngtem Grünland. Foto: Jan Haft

2 Der Bunte Grashüpfer *(Omocestus viridulus)* benötigt feuchten Boden, weil seine Eier empfindlich sind gegen Austrocknung. Foto: Jan Haft

3 Männchen des Sumpfgrashüpfers *(Chorthippus montanus)*. Sein Gesang besteht aus Strophen anschwellender »Rätsch«-Laute. Foto: Jan Haft

4 Sumpfgrashüpferweibchen. Entwässerung, Düngung, häufige Mahd und Verbuschung führen zum Verschwinden des Sumpfgrashüpfers. Foto: Jan Haft

1 Langflügelige Schwertschrecke *(Conocephalus fuscus)*. Nur das Männchen verfügt über Schrillleisten auf den Flügeln, die beim Verschieben der Flügel gegeneinander ein leises »Zri« erzeugen. Foto: Jan Haft

2 Langflügelige Schwertschrecke. Die lange Legeröhre der Weibchen für die Eiablage hat dieser Heuschrecke ihren Namen eingebracht. Foto: Jan Haft

1 2

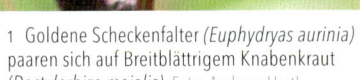

1 Goldene Scheckenfalter *(Euphydryas aurinia)* paaren sich auf Breitblättrigem Knabenkraut *(Dactylorhiza majalis)*. Foto: Andreas Hartl

2 Das stark gefährdete Blaukernauge *(Minois dryas)* entwickelt sich an Gräsern im Inneren der Wiese. Foto: Ralph Sturm

3 Der Braune Waldvogel *(Aphantopus hyper-antus)* ist ein echter Wiesenschmetterling. Das Tagpfauenauge *(Aglais io)* kommt nur zur Nektar-aufnahme in die Feuchtwiese. Foto: Ralph Sturm

4 Der Dunkle Wiesenknopf-Ameisenbläuling *(Phengaris nausithous)* hat eine komplizierte Biologie, die sich ausschließlich im Inneren der Feuchtwiese abspielt. Foto: Andreas Hartl

1 Der Moschusbock *(Aromia moschata)*, einer unserer größten und zugleich schönsten Bockkäfer, besucht gerne die nektarreichen Dolden der Sumpfengelwurz auf mageren, nassen Wiesen. Foto: Jan Haft

2 Der Tanz der Zuckmücken *(Chironomidae)*, bei denen manchmal Tausende Männchen einen für uns unhörbaren Summton erzeugen, dient der Anlockung von Weibchen, die im Flug begattet werden. Foto: Jan Haft

Das Hermelin *(Mustela erminea)* im weißen Winterpelz. Hermeline fressen bevorzugt Wühlmäuse, denen sie geschickt in deren weit verzweigtem Gangsystem im Wiesenboden nachstellen. Foto: Andreas Hartl

TROCKENWIESE

1 Einzelne Pflanzenarten wie die Wiesen-Margerite *(Leucanthemum vulgare)* können zu bestimmten Jahreszeiten das Bild einer Wiese prägen.
Foto: Jan Haft

2 Mäßig gedüngte Fettwiese mit Wiesen-Flockenblumen *(Centaurea jacea)* und Wiesen-Pippau *(Crepis biennis)*.
Foto: Jan Haft

3 Magere Trockenwiese mit Wilder Möhre *(Daucus carota)*. Sie blüht den ganzen Sommer über, von Mai bis September.
Foto: Jan Haft

1 Weibchen der Feldlerche
(Alauda arvensis) mit Nistmaterial.
Foto: Kay Ziesenhenne / nautilusfilm

2 Junge Feldlerchen im Nest,
etwa drei Tage alt.
Foto: Kay Ziesenhenne / nautilusfilm

3 In Deutschland brüten noch zwei bis
drei Millionen Feldlerchenpaare. Die Art
gilt wegen des anhaltenden Bestands-
rückgangs dennoch als gefährdet.
Foto: Kay Ziesenhenne / nautilusfilm

1 Himmelblauer Bläuling *(Polyommatus bellargus)* bei der Paarung auf einer Flockenblume. Im Anflug ein Hauhechelbläuling *(P. icarus)*. Foto: Andreas Hartl

2 Die Larve des Wundklee-Bläulings *(Polyommatus dorylas)* frisst vor allem am Wundklee, dem Falter schmeckt Nektar verschiedener Wiesenblumen. Foto: Jan Haft

3 Das Rotbraune Wiesenvögelchen *(Coenonympha glycerion)* besucht zur Nektaraufnahme gerne Dost und Feld-Thymian. Foto: Jan Haft

4 Das Große Ochsenauge *(Maniola jurtina)* war einst in den Fluren überall zahlreich und ist nach wie vor nicht selten. Foto: Ralph Sturm

In trockenen Wiesen kommen besonders die als Grashüpfer bekannten Kurzfühlerschrecken vor.

1 Die Kleine Goldschrecke *(Euthystira brachyptera)* legt ihre Eier an Blattachseln von Gräsern ab. Für sie ist es wichtig, dass nicht die gesamte Fläche gemäht wird und hie und da Altgrasbestände stehen bleiben. Foto: Jan Haft

2 Der Nachtigall-Grashüpfer *(Chorthippus biguttulus)* legt seine Eier in den Wiesenboden. Er hat das Problem, dass seine Gelege mit dem Mahdgut abtransportiert werden, nicht. Foto: Jan Haft

3 Der Wiesengrashüpfer *(Chorthippus dorsatus)* deponiert seine Eier nicht im Boden, sondern dicht darüber an Grashalmen. Intensives Beweiden und gründliches Mähen dezimieren die Bestände auch dieser Art. Foto: Jan Haft

1 Zu den größten Insekten in der Wiese zählt der Warzenbeißer *(Decticus verrucivorus)* mit seinen kräftigen Mundwerkzeugen. Foto: Jan Haft

2 Die flugunfähige Wanstschrecke *(Polysarcus denticauda)* ist ebenfalls eine Riesin und erreicht 4½ Zentimeter Körperlänge. Foto: Jan Haft

3 Die Rotgefleckte Weichwanze *(Calocoris roseomaculatus)* ist eine häufige Vertreterin der über 200 Wanzenarten in unseren Wiesen. Foto: Markus Bräu

4 Der Gestreifte Spitzling *(Aelia klugii)* ernährt sich durch Pflanzensaft aus Gräsern. Foto: Markus Bräu

1 2 
3  4

5 6

1 Der Östliche Wiesenbocksbart *(Tragopogon orientalis)* lockt mit seinen riesigen Blütentellern Bienen und Schmetterlinge als Bestäuber an. Foto: Jan Haft

2 Auch die Wiesen-Witwenblume *(Knautia arvensis)* lässt sich von Hautflüglern und Tagfaltern bestäuben. Foto: Jan Haft

3 Der blaue Lein *(Linum perenne)* wird von Insekten besucht, kann sich aber auch selbst bestäuben. Foto: Jan Haft

4 Der Zottige Klappertopf *(Rhinanthus alectorolophus)* setzt auf langrüsselige Hummeln und Wildbienen. Foto: Jan Haft

5 Auf ungedüngten Kalkböden wachsen besonders viele Orchideenarten, darunter einige der schönsten Vertreter der Familie. Das Helm-Knabenkraut *(Orchis militaris)* gehört dazu. Foto: Jan Haft

6 Auch das Brand-Knabenkraut *(Neotinea ustulata)* ist in nährstoffarmen Trocken- und Halbtrockenrasen zu Hause. Foto: Jan Haft

1 Der Papageigrüne Saftling (Hygrocybe psittacina) aus der Pilzgattung der Saftlinge, die überwiegend auf nährstoffarmen Wiesen zu finden sind.
Foto: Kay Ziesenhenne / nautilusfilm

2 Kirschroter Saftling (Hygrocybe coccinea).
Foto: Kay Ziesenhenne / nautilusfilm

3 Stumpfer Saftling (Hygrocybe chlorophana). Saftlinge haben meist glasig-wachsartige Fruchtkörper in prächtigen Farben.
Foto: Kay Ziesenhenne / nautilusfilm

4 Granatroter Saftling (Hygrocybe punicea). Gülle oder Kunstdünger machen den unter Naturschutz stehenden Saftlingen schnell den Garaus.
Foto: Kay Ziesenhenne / nautilusfilm

1 Niemand kann mit Sicherheit sagen, wie unsere Landschaft aussah, als sie noch nicht dem Einfluss des Menschen unterlag. Foto: nautilusfilm

2 Der Rothirsch *(Cervus elaphus)* ist der letzte große Pflanzenfresser in unseren Breiten. Foto: nautilusfilm

3 Rückgezüchtete »Auerochsen« *(Bos primigenius taurus)*. Über Jahrmillionen gab es pflanzenfressende Großtiere bei uns, die vermutlich Wiesenflächen offen hielten. Foto: Jan Haft

4 Ob durch Pflanzenfresser oder Mähwerk geschaffen: Auf Wiesen und Weiden leben zahllose Pflanzen und Tierarten in eingespielten Wechselbeziehungen. Foto: Jan Haft

1 Rehkitze *(Capreolus capreolus)* sind beim Mähen gefährdet, weil sie in den ersten Lebenswochen regungslos verharren. Foto: Kerstin Glashauser

2 Wiesenbrüter wie das Braunkehlchen *(Saxicola rubetra)* haben auf intensiv genutztem Grünland keine Chance. Foto: Kay Ziesenhenne / nautilusfilm

3 Junger Feldhase *(Lepus europaeus)*. Eine späte erste Mahd ist auch für ihn wichtig. Foto: Jan Haft

4 Goldlaufkäfer *(Carabus auratus)*. Extensiv bewirtschaftete Wiesen werfen geringen Ertrag ab, erhalten aber die Vielfalt. Foto: Jan Haft

1 Zum vielleicht wichtigsten Gras unserer Wiesengesellschaften wurde im Laufe der Zeit der Glatthafer *(Arrhenatherum elatius)*. Foto: Jan Haft

2 Filigranere Arten wie das Weiche Honiggras *(Holcus lanatus)* sind dem Glatthafer auf nährstoffreichen Böden unterlegen. Foto: Jan Haft

3 Der Wiesen-Fuchsschwanz *(Alopecurus pratensis)* ist ein kräftiges Gras, das Düngergaben verträgt. Foto: Jan Haft

4 Bewohner stickstoffarmer Böden: Schmalblättriges Rispengras *(Poa angustifolia)*, Aufrechte Trespe *(Bromus erectus)* und Karthäusernelke *(Dianthus carthusianorum)*. Foto: Jan Haft

1 Grünes Heupferd *(Tettigonia viridissima)* in der Rufphase mit dachförmig übereinanderliegenden bräunlichen Flügelbasen.
Foto: Jan Haft

2 Grünes Heupferd in der Rufphase mit nebeneinanderliegenden Flügelbasen, an denen sich Schrillleiste und Schrillkante befinden. Durch rhythmisches Gegeneinanderreiben entsteht das typische Zwitschern.
Foto: Jan Haft

1 Die Gemeine Sichelschrecke *(Phanerop-tera falcata)* ist in Mittel- und Südeuropa zu Hause. Wegen der Klimaerwärmung weitet sie ihr Verbreitungsgebiet nach Norden aus.
Foto: Jan Haft

2 Die Kraussche Plumpschrecke *(Isophya kraussii)* kommt nur in Mitteleuropa vor, vorwiegend bei uns. Sie gehört zu den Heu-schreckenarten, bei denen wir eine besondere Verantwortung für den Fortbestand haben.
Foto: Jan Haft

1 Um den Ertrag von Wiesen zu erhöhen, werden sie gedüngt. Was aus ökonomischer Sicht sinnvoll ist, hat jedoch großen Einfluss auf die Artenvielfalt. Foto: Andreas Hartl

2 Arten wie der Löwenzahn, die in kurzen Zeitintervallen blühen, profitieren von Düngung. Sie nehmen letztlich empfindlicheren Gräsern und Kräutern den Platz weg. Foto: Jan Haft

3 Auf manchen häufig gemähten und stark gedüngten Wiesen kann man die Pflanzenarten an einer Hand abzählen. Auch die Fauna verarmt in dem dichten Aufwuchs. Foto: Jan Haft

4 Etwa eine Million Hektar Grünland sind in den vergangenen Jahrzehnten in Ackerland verwandelt worden. Mittlerweile ist der Wiesenumbruch weitgehend gestoppt. Foto: Andreas Hartl

5 Wiesenjuwel: Zahllose Knabenkräuter ragen aus dieser versteckt in einem Tal liegenden Heuwiese. Foto: Andreas Hartl

6 Das Breitblättrige Knabenkraut *(Dactylorhiza majalis)* lebt mit einem Wurzelpilz in Symbiose, der sehr empfindlich auf Düngergaben reagiert. Foto: Andreas Hartl

7 Im Frühsommer ist von den Knabenkräutern nichts mehr zu sehen. Dann bestimmen Wiesenbocksbart, Hahnenfuß, Wiesenklee, Flockenblume und andere das Bild. Foto: Andreas Hartl

5

6 7

1 Unterwegs in Ungarn 1989. Die Ungarische Steppe ist ein Dorado für Wiesenarten und Wiesenenthusiasten. Foto: Jan Haft

2 Wiesenotter *(Vipera ursinii)* frisst Grille *(Gryllus campestris)*, ein Moment, der mir nie wieder aus dem Gedächtnis gehen wird. Foto: Jan Haft

3 Der Braunrote Erdbock *(Dorcadion fulvum)* ist auch in südosteuropäischen Wiesen heimisch, wo die Winter kalt und Sommer heiß und trocken sind. Foto: Jan Haft

3

»Jeder dumme Junge kann
einen Käfer zertreten. Aber alle
Professoren der Welt können
keinen herstellen.«
ARTHUR SCHOPENHAUER.

Argusbläuling
(Plebejus argus)
auf Hummelragwurz
(Ophrys holoserica).
Foto: Jan Haft

1 Die Fliegenragwurz *(Ophrys insectifera)* gehört zu den Sexualtäuschblumen. Diese gaukeln bestimmten Insektenmännchen ein paarungsbereites Weibchen vor. Im Falle der Fliegenragwurz sind Grabwespen die »Opfer«. Foto: Jan Haft

2 Auch die Hummelragwurz (*Ophrys holoserica*) ist eine Betrügerin. Nektar bekommt ihr Bestäuber nicht. Die Orchidee verleitet Langhornbienenmännchen der Gattung *Eucera* zu Begattungsversuchen. Foto: Jan Haft

1 Langhornbienen an Gewöhnlichem Rispengras *(Poa trivialis)*. Die Männchen verbringen
die Nacht häufig zu mehreren an Grashalmen
festgebissen. Foto: Kay Ziesenhenne / nautilusfilm

4 Bei der »Begattung« der Blüte bekommt das
Männchen zwei gestielte, gelbe Pollenpakete
auf die Stirn geklebt. Mit diesen wird es andere
Blüten bestäuben. Foto: Jan Haft

2 Die Hummelragwurz blüht bereits, wenn
die Männchen noch ohne Weibchen sind, die
später schlüpfen. Sie lockt mittels eines Duft-
bouquets, das dem Sexuallockstoff der Lang-
hornbienenweibchen gleicht. Foto: Foto: Jan Haft

3 Langhornbiene *(Eucera nigrescens)*
trinkt an Vogel-Wicke *(Vicia cracca)*.
Foto: Kay Ziesenhenne / nautilusfilm

1 Meine »heilige Wiese« mit den bis zu einem Meter hohen, weinroten Blütenständen des Großen Wiesenknopfes. Foto: Jan Haft

2 Der Große Wiesenknopf (Sanguisorba officinalis) ist ein Bewohner wechselfeuchter Wiesen. Er verschwindet, wenn die Wiese intensiv bewirtschaftet wird. Foto: Jan Haft

3 Die Punktierte Zartschrecke (Leptophyes punctatissima) hat keine Bindung an die Pflanze, wie manch anderer Feuchtwiesenbewohner. Foto: Jan Haft

4 Der Dunkle Wiesenknopf-Ameisenbläuling (Phengaris nausithous) ist von Kopf bis Fuß auf Wiesenknopf eingestellt. Foto: Andreas Hartl

1 Der Dunkle Wiesenknopf-Ameisenbläuling legt seine Eier ausschließlich auf die unreifen Blütenstände des Großen Wiesenknopfs. Die geschlüpften Räupchen ernähren sich im Blüteninneren.
Foto: Kay Ziesenhenne / nautilusfilm

2 Einige Wochen später kommen die gut getarnten Raupen an die Blütenoberfläche und seilen sich am Seidenfaden ab. Dann warten sie darauf, von Knotenameisen gefunden zu werden.
Foto: Kay Ziesenhenne / nautilusfilm

3 Eine Rote Knotenameise (Myrmica rubra) trägt das Fundstück in ihren Bau. Dort frisst die Raupe die Brut ihrer durch ein Drüsensekret überlisteten Wirtseltern.
Foto: Kay Ziesenhenne / nautilusfilm

4 Mehr als elf Monate lebt der Dunkle Wiesenknopf-Ameisenbläuling im Ameisennest, davon gut drei Wochen als Puppe.
Foto: Kay Ziesenhenne / nautilusfilm

1 Der Große Brachvogel *(Numenius arquata)* war einst in den ausgedehnten Feuchtwiesengebieten der Flussauen und Niederungen ein häufiger Brutvogel.
Foto: Jan Haft / nautilusfilm

2 Bis zur ersten Mahd waren früher aus den meist vier, selten drei Brachvogeleiern die Jungen geschlüpft.
Foto: Jan Haft / nautilusfilm

3 Heute erhalten Landwirte Ausgleichszahlungen, damit sie auf eine frühe Mahd und Düngemittelgaben verzichten.
Foto: Jan Haft / nautilusfilm

4 Zum Schutz der Population werden Brachvogelgelege vielerorts kartiert und im Idealfall mit einem Elektrozaun gegen Räuber wie den Fuchs geschützt.
Foto: Jan Haft / nautilusfilm

1 Mein Wohnort, das Isental, vom
Heißluftballon aus gesehen. Noch gibt
es vereinzelt artenreiche Wiesen
Foto: nautilusfilm.

2 Experiment auf der eigenen Wiese
mit Mähstreifen, auf denen das Mahdgut liegen bleibt. Foto: Jan Haft

3 Einige Filmaufnahmen für den
Kinofilm *Die Wiese – ein Paradies
nebenan* konnten wir vor der Haustür
machen, was ganz dem Filmtitel
entspricht. Foto: Philipp Herrmann

4

1 Nur wenige Wiesenblumen entfalten ihre Farbenpracht erst im Herbst. Die Herbstzeitlose *(Colchicum autumnale)* gehört dazu.
Foto: Andreas Hartl

2 Frost und Raureif verwandeln die Wiese noch einmal in ein Reich der Farben und Formen, wie bei diesem überfrorenen Wiesenknopf-Blatt.
Foto: Jan Haft

3 Manche Wiesenpflanzen wie die Flockenblume *(Centaurea jacea)* entwickeln nach der Sommermahd noch einmal Blüten.
Foto: Jan Haft

4 Unzählige Spinnennetze glitzern in der Herbstwiese. Bis zu einer Million Spinnen können auf einem Hektar Grünland leben. Bis die Kälte kommt. Foto: Jan Haft

Lösung her. Uns beiden war klar, dass der Versuch, den Pächter von einer orchideengerechten Bewirtschaftung zu überzeugen, aussichtslos wäre. Also was tun? Da auf unserem eigenen, etwa zehn Kilometer entfernt liegenden kleinen Hof Esel und Ponys grasten, hatte ich die Idee, den Pachtvertrag zu übernehmen, sofern der Landwirt, der die Orchideenwiese jetzt bewirtschaftete, einverstanden wäre. Heu von einer solchen Blumenwiese konnten wir gut gebrauchen. Da wir den Mahdtermin für die Feuchtwiese mit den Ameisenbläulingen nach den Bedürfnissen der Wiesenknöpfe und Schmetterlinge richten und nicht nach dem Wetter, ernten wir weniger Heu, als wir Heuwiesen haben. Gesundes »Orchideenwiesen-Heu« ließe sich zudem bestimmt auch weiterverkaufen!

An einem Freitagnachmittag im Juni machten meine Frau und ich uns auf den Weg zum Pächter der Orchideenwiese. Wir hatten einen Plan. Auf dem schmucklosen Hof angekommen, trafen wir Vater und Sohn vor der Maschinenhalle an. Die beiden waren nicht unfreundlich, erzählten, dass der Hof gerade vom Vater auf den Sohn übergeben werde, erklärten, was für Vieh sie hielten und welche Feldfrüchte sie anbauten. Auf die Orchideenwiese angesprochen, reagierte der Vater gereizt. Er wisse genau, was Orchideen seien, behauptete er, fast etwas überheblich. Die würden auf all seinen Wiesen wachsen, fügte er hinzu. Und das Düngen könne den Pflanzen gar nichts anhaben, ganz im Gegenteil. Alle Pflanzen brauchten etwas Dünger. Die Pacht würde er keinesfalls abgeben, er brauche die vier Hektar dringend, um ausreichend Grünfutter für sein Stallvieh zu haben.

Es ging ihm wahrscheinlich mehr um die Prämien für die Fläche als um das Grünfutter selbst, dass er hier in Form von Silage gewann. Ich fragte ihn dennoch, wie hoch er den Verlust beziffern würde, wenn er auf das Düngen verzichte und nur noch zweimal im Jahr mähen würde, so wie es jahrzehnte- und wahrscheinlich jahrhundertelang gemacht worden war. Er dachte nach. Dabei sah er ganz offensichtlich die Chance, ein Schnäppchen zu machen. Nach weiteren zehn Minuten Geplauder über dies und jenes hatte er es sich überlegt. Für 400 Euro im Jahr würde er auf Düngergaben verzichten. Ich war darauf eingestellt, übers Ohr gehauen zu werden, und es war mir sogar recht; Hauptsache, die Wiese würde gerettet. Natürlich hatte ich nicht vor, bis zum Sankt Nimmerleinstag dafür zu bezahlen, dass jemand darauf verzichtet, geschützte Pflanzen zu vernichten. Aber fürs erste war ich zufrieden.

Etwa 14 Tage nach unserem Antrittsbesuch bei dem Pächter der Orchideenwiese wollte ich ihm wie verabredet das Geld bringen. Ich traf den Vater an, und der erklärte mir ohne Umschweife, dass man am Vortag Gülle ausgebracht habe. Die Güllegrube sei voll gewesen, außerdem habe er mir ja schon gesagt, dass das den Orchideen nichts ausmache. Ich fuhr heim – zutiefst frustriert von dem Rückschlag und auch fassungslos angesichts dieser Gemeinheit. Und verärgert über die Rücksichtslosigkeit gegenüber dem alten Bauern, der zu schwach dafür war, den wortbrüchigen Nachbarn in die Schranken zu weisen, und der nun zusehen musste, wie die letzte, große Orchideenwiese im Landkreis, die noch dazu ihm gehörte, direkt vor seiner Haustüre zerstört wurde.

Heute, zehn Jahre später, ist die Orchideenwiese immer noch da. Der alte Bauer ist längst gestorben, aber seine Orchideen blühen noch. Auf Andis Betreiben hatte es die Wiese auf die Tagesordnung der Stadtratssitzungen geschafft. Der Pächter mit der Güllewirtschaft erhielt im Tausch eine andere Wiese, während die Orchideenwiese jetzt ein Landwirt pflegt, der aus dem Topf des Vertragsnaturschutzes Prämien dafür bekommt, dass er auf das Düngen verzichtet und nur zweimal im Jahr mäht. Unsere Bemühungen waren am Ende doch nicht umsonst gewesen, dank des damaligen Geschäftsführers unseres Städtchens, Andi Hartl.

Andi kennt seine Heimat ganz genau. Keine Behörde, kein Buch und kein Museum beherbergt ein solch umfangreiches Wissen über die Natur im Landkreis, wie es sich im Kopf des 70-Jährigen angesammelt hat. Pfützen mit Molchvorkommen, die letzten Trollblumen, Bäche mit Elritzen und Steinkrebsen, besondere Pilzvorkommen, Brutplätze seltener Vögel, er kennt sie. Als Andi zur Schule ging, war Dorfen im Isental noch bis zum Horizont von Wiesen umgeben. Bedingt durch die Tallage, waren es vor allem feuchte Wiesen, die im Frühling ein weißes Meer aus Schaumkraut waren und später rosa leuchteten, wenn die Kuckuckslichtnelken blühten. Wiesen mit Orchideen und Trollblumen waren nichts Besonderes. Talauf, talab brüteten die typischen Wiesenvögel, und die Rufe von Brachvogel, Feldlerche und Kiebitz waren überall zu hören.

In dieser Umgebung ist Andi groß geworden, und in dieser intakten Kulturlandschaft hat er unendlich viele Stunden seines Lebens verbracht. Es ist ganz offensichtlich ein großer Vorteil, dort seine Kindheit zu verbringen, wo man später auch lebt. Zumindest wenn man Interesse an der Natur hat. Wer seine Umgebung so gut kennenlernt, wird später viel mehr spannende Beobachtungen machen und auch Veränderungen wahrnehmen. Während Andi also hier aufgewachsen ist, stamme ich aus dem westlich angrenzenden Landkreis Ebersberg. Deswegen musste ich vieles in meiner Wahlheimat neu entdecken, und ich bin dankbar für alles, was mir Andi zeigt. Aufholen kann ich wohl kaum jemals.

Auch ich war in meiner Kindheit fast täglich auf Entdeckungstour, nur nicht da, wo ich heute lebe. Meine Standardexpedition ging auf die eingangs erwähnte große Heuschreckenwiese im Wald, um Futter für meine Reptilien zu fangen. Aber meine Freunde und ich haben auch all jenen Seen, Teichen und Tümpeln einen Besuch abgestattet, die man mit dem Fahrrad und mit Kescher und Eimer bewaffnet erreichen konnte. Später dehnten wir unseren Radius auf das Schienennetz der Münchner S-Bahn aus. So waren plötzlich auch die Schlangenvorkommen in den

Isarauen bei Wolfratshausen oder das Mangfalltal mit seinen Feuersalamandern für uns erreichbar.

An manchem Samstagvormittag bestieg ich frühmorgens den Zug in Richtung Ebersberg, Kreuzstraße oder Wolfratshausen. Ausgerüstet mit Wanderschuhen und einem Rucksack, in dem sich eine Brotzeit und jede Menge Leinenbeutel, Plastikdöschen und ein faltbares Insektennetz befanden. Auf dem Rückweg, in der oft vollbesetzten S-Bahn, bekam ich fast immer einen Platz. Und zwar, weil von mir ein Duft ausging, der für mich bis heute etwas Angenehmes hat, für die meisten Leute aber schlicht ein bestialischer Gestank ist. Es war der Geruch von Ringelnattern, genauer: der Geruch eines Sekrets aus den sogenannten Postanaldrüsen, das diese Schlangen abgeben, wenn sie gefangen werden. Damit versuchen die Ringelnattern angreifenden Fressfeinden den Appetit zu verderben. Und ich konnte einfach an keiner Ringelnatter vorbeigehen, ohne sie zu fangen und dann mit einem wohligen Gefühl der Zufriedenheit wieder aus der Hand kriechen zu lassen. Den Schlangen gefiel das Gefangenwerden natürlich nicht so gut, und das quittierten die Reptilien regelmäßig mit einer Prise Ringelnatterduft.

Nicht widerstehen konnte ich auch bei einer anderen, giftigen Schlange, die plötzlich inmitten einer der schönsten Wiesen Europas vor mir lag. Und zwar auf meinem ersten Auslandsjob beim Tierfilm. Ursprünglich war es gar nicht mein Ziel gewesen, als Regisseur und Kameramann zu arbeiten. Ich wollte Museumswissenschaftler werden, am liebsten an der Zoologischen Staatssammlung München, in der Sektion Herpetologie, also der Abteilung, die sich mit Reptilien und Amphibien befasst. Zu den Helden meiner Jugend gehörte der Kurator dieser Abteilung, Ulrich Gruber. Der Wissenschaftler war zugleich der Vorsitzende der Münchner Stadtgruppe der DGHT (Deutsche Gesellschaft für Herpetologie und Terrarienkunde). Regelmäßig besuchte ich damals Vereinsabende, Exkursionen und Jahrestagungen dieses wohl wichtigsten Vereines meiner Kindheit, in dem ich bis heute Mitglied bin.

Bei solchen Anlässen nahm mich Dr. Gruber gelegentlich in seinem Auto mit. Er war stets interessiert und aufgeschlossen gegenüber dem 13-jährigen Kerl, der ihn mit Fragen löcherte. Ich durfte ihn auch an seinem Arbeitsplatz im Museum besuchen, und er verschaffte mir meinen ersten Schülerjob in den heiligen Hallen des Museums, den Sammlungsmagazinen. Meine Aufgabe war es, den Alkohol in den Sammlungsgläschen mit den konservierten Exponaten aufzufüllen. In den Pausen durfte ich bei ihm im Büro sitzen, wo es Terrarien gab mit allerlei Tieren, auch kleinen Giftschlangen. Hier lernte ich die Ungarische Wiesenotter kennen, die kleinste und seltenste Schlange Europas. Nur ein paar hundert Exemplare leben heute noch in der freien Wildbahn in Ungarn und Rumänien. Es ist die einzige Schlange Europas, deren Mahlzeiten vornehmlich aus Insekten bestehen. Deswegen findet man sie ausschließlich in ganz besonderen Steppenwiesen, in denen es vor Heuschrecken nur so wimmelt, nämlich in solchen mit einem besonders abwechslungsreichen Bodenrelief. Feuchte Wiesenbereiche, in denen im Frühjahr das Wasser steht, müssen sich abwechseln mit Trockenrasen, die auch nach starken Niederschlägen wasserfeste Sonnenplätze bieten.

Die Wiesenotter kam in historischer Zeit bis vor den Toren Wiens vor. Doch aus dem allergrößten Teil ihres Verbreitungsgebietes ist sie längst verschwunden. Natürliche und naturnahe Steppenwiesen, die sich im Südosten unseres Kontinents einst von Horizont zu Horizont spannten, sind heute auf eine Handvoll Schutzgebiete beschränkt. Und in solchen Inseln ist das Überleben hoch spezialisierter Tierarten trotz aller Schutzmaßnahmen oft eine unsichere Angelegenheit. Ich ahnte damals noch nicht, dass ich der Wiesenotter ein paar Jahre später in ihrem natürlichen Lebensraum begegnen würde.

Meine Tierbegeisterung trug mir nicht nur einen Schülerjob am Museum ein, sondern auch einen beim Tierfilm. Der Botaniker und Dokumentarfilmer Wieland Lippoldmüller drehte im Jahr 1980 einen Film über den Lebensraum Moor. Dafür wollte er auch Kreuzottern vor die Linse bekommen, als typische Reptilienart für diesen Lebensraum. Wir hatten uns bei den Vereinsabenden des Landesbunds für Vogelschutz kennengelernt, und ich war auf seine Anfrage hin mit Freuden behilflich, die Schlangen zu finden und zu filmen. Fortan durfte ich immer wieder mitkommen auf Filmexpeditionen. Zunächst in Süddeutschland, später auch ins Ausland.

Auf einer ersten Auslandsdrehreise nach Ungarn war es wie immer meine Aufgabe, beim Aufbau von Tarnverstecken zu helfen, den Filmemacher abzusetzen oder abzuholen und vor allem geeignete Kandidaten für die Dreharbeiten ausfindig zu machen. Eines Abends saß der Filmemacher im Versteck, um seltene Weißkopf-Ruderenten zu drehen, und ich hatte keinen konkreten Auftrag. Ich streifte also durch eine der Puszta-Wiesen und ließ den Blick durch das Meer aus blühenden Gräsern und Kräutern wandern. Eigentlich wollte ich zu einer kleinen Senke spazieren, um zu sehen, ob dort Schildkrebse und Rotbauchunken zu finden wären. Doch auf halbem Weg dorthin blieb mein Blick an etwas hängen, und mir stockte, nicht nur im übertragenen Sinne, der Atem. Vor mir im Gras lag eine leibhaftige Wiesenotter. Ein Traum von einer Schlange. Sie hatte sich offensichtlich kürzlich gehäutet und leuchtete förmlich in ihrem elfenbeinfarbenen Schuppenkleid, über das ein schwarzes Zickzackband lief. Auf ihrer Haut lag ein in allen Farben des Regenbogens irisierender Schimmer. Irgendwie sah die kleine Schlange aus wie eine Kreuzotter – aber nein, sie war viel schöner, filigraner, edler!

Mein Herz pochte, und als die kleine Otter, die sich in der Abendsonne ganz offensichtlich aufgewärmt hatte, kurz fauchte und die Flucht ergriff, dachte ich nicht lange nach. Ich stürzte mich schnell, aber vorsichtig ins Gras und bugsierte die Kostbarkeit in eine kleine Stofftasche. Es war ein Reflex, ich handelte, ohne nachzudenken, obwohl ich eigentlich sehr genau wusste, dass die Wiesenotter streng geschützt war und man sie auf keinen Fall fangen durfte! Gleichzeitig schossen mir beschwichtigende Gedanken durch den Kopf; lauter Ausreden, aber es fühlte sich gut an, das eigene Vergehen kleinzureden: Überall in der Puszta liefen ausgesetzte Jagdfasane herum. Von Natur aus kommen Fasane in Europa überhaupt nicht vor. Und Fasane haben kleine Schlangen zum Fressen gern, über dieses Problem hatte ich mal was gelesen. Die winzigen Giftzähnchen der Wiesenottern halten einen derart großen Vogel nämlich nicht von einer Mahlzeit ab. Zudem war zu Beginn der 1990er Jahre überall in Zentral-Ungarn zu beobachten, wie die Steppe umgebrochen und in Ackerland verwandelt wurde. Der Eiserne Vorhang war gerade erst gefallen, und aus dem Westen strömten moderne Maschinen und Agrarchemie in die ehemaligen Ostblockstaaten, wo dank rückständiger Technik viel Natur überlebt hatte. Das Aussterben der Wiesenotter in diesem Teil der Welt schien ohnehin in greifbarer Nähe, und so schmolz mein schlechtes Gewissen dahin, die Otter – nur für eine einzige Nacht – mit in die Pension zu nehmen.

Am nächsten Morgen zog ich frühmorgens mit Wieland, dem Filmemacher, in die scheinbar endlose ungarische Steppe, genau zu der Stelle, an der ich die Schlange am Vortag gefangen hatte. Der Boden war noch kühl, und in den Gräsern hingen Myriaden von Tautropfen. Vom Himmel schallte das Konzert der Feldlerchen, und rings um uns herum zirpten die Grillen; ein Wiesenidyll wie aus dem Bilderbuch (oder besser: aus dem Geschichtsbuch). Während der Kameramann die Technik vorbereitete, drapierte ich die Wiesenotter exakt an dem Platz, an dem ich sie am Vortag entdeckt hatte. Wir verhielten uns ganz ruhig und bewegten uns wie in Zeitlupe. Reptil und Filmemacher folgten meiner Regie. Die Schlange nahm uns anscheinend kaum wahr und reagierte auf die offensichtlich wohltuende Sonnenwärme, indem sie kurz im Kreis kroch, ihren wunderschönen Körper zu einem Teller rollte und den Leib abflachte. So konnte sie ein Maximum an Energie einfangen. Ich war verblüfft, wie gut die hell gefärbte Schlange mit dem feinen Zickzackmuster am Rücken mit den Wiesenpflanzen ringsum verschmolz. Ich sah förmlich, wie erfolgreich sich diese Schlangenart im Laufe der Evolution an ein Leben in der Wiese angepasst hatte, und mir wurde erneut klar, was für ein Glück ich gehabt hatte, das Tier überhaupt zu finden.

Ich wusste, dass die kleine Schlange exakt so liegen bleiben würde, solange wir sie nicht mit hektischen Bewegungen beunruhigten. Wieland lag auf dem Bauch und kroch ihr mit einem Weitwinkelobjektiv entgegen. Dann begann er das Tier aus etwa 20 Zentimetern Entfernung beim Sonnenbaden zu filmen. Das Surren der 16-mm-Filmrollen war für mich ein vertrautes Geräusch. Da hatte ich einen Einfall. Ich entfernte mich und sah mich um. Mit einem trockenen Grashalm ließen sich rasch zwei Feldgrillen aus ihrem Loch im Boden kitzeln. Das hatte ich als Kind daheim oft geübt. Ein langer, knickfreier Halm wird in die Grillenwohnung geschoben, und dann zieht man ihn unter ständigem Hin-und-her-Drehen des Halmes zwischen Daumen und Zeigefinger langsam heraus. Ist jemand daheim, kommt er meist auch heraus. Ich kehrte zurück an den Drehort und versuchte, eine der Grillen vor der Kamera ins Bild laufen zu lassen, ohne mit dem Filmemacher darüber zu sprechen. Eine fressende Wiesenotter war, soweit ich wusste, noch nie zuvor gefilmt worden! Aber die Grille bog ab und verschwand im Gras. Ich nahm die zweite und ließ sie ganz vorsichtig neben der Sonnenblende des Filmobjektivs aus der Hand krabbeln. Und diesmal ging mein Plan auf: Die Grille lief in Richtung Wiesenotter. Die war mittlerweile aufgewärmt und nahm die Bewegung des Insekts wahr. Sie begann zu züngeln. Ich war völlig gebannt. Wieland beobachtete etwas überrascht das Geschehen durch das Okular der Filmkamera.

Die Schlange begann auf einmal rhythmisch und stoßartig zu züngeln. Ich wusste nur zu gut, dass das ein typisches Verhalten von Schlangen ist, die gleich Beute machen, und starrte auf die Szenerie. Dann, ganz plötzlich, stieß die kleine Otter zu, packte die Feldgrille und ließ sie nicht mehr los. Damit das Insekt, das immerhin so groß war wie der Kopf der Schlange, sich nicht mit seinen sechs Beinen am Boden festhalten und losreißen konnte, bevor die Giftwirkung einsetzte, hielt die Schlange ihre Beute hoch in die Luft. Mit kauenden Kieferbewegungen schlang sie, gut für die Kamera sichtbar, die zunehmend gelähmte Grille hinunter. Wieland entfuhren Geräusche wie einem kleinen Kind, das vor Freude schier zu platzen droht. Und auch ich war wieder zum kleinen Jungen geworden, der pumpt vor Stolz und vor Freude. Als die Schlange schließlich ihre chitinöse Mahlzeit beendet hatte, schlängelte sie zwischen Furchenschwingel- und Kammquecken-Horsten davon. Besser kann ein Drehtag nicht beginnen!

An unserem jetzigen Wohnort im Isental gab es schon immer Schlangen. Allerdings keine Raritäten mit Giftzähnen, sondern harmlose Ringelnattern. Von Anfang an beobachteten wir die schlanken Wassernattern mit der Krönchen-Zeichnung am Hinterkopf, wenn sie sich auf dem Streifen zwischen Feldweg und unseren Pferdewiesen sonnten. Unsere Islandponys dienen natürlich in erster Linie dem Reitsport. Für mich ist der größte Vorzug der Pferde jedoch, dass sie unsere Wiesen abgrasen. Eine Fläche um unser Haus wird dauerhaft beweidet, andere sind Heuweiden, dienen also nur eine Zeitlang als Weide und werden später im Jahr gemäht, und auf wieder anderen wird ausschließlich Heu gemacht. Die Schlangen profitieren von unseren Wiesen, und das nicht nur beim Sonnenbaden.

Kaum an unserem neuen Wohnort im Isental angekommen, legten wir das erste und größte einer ganzen

Reihe von Gewässern an: einen Weiher von etwa 300 Quadratmetern Größe, mit ausgedehnten Flachwasserzonen. Größere Fische sollten nicht einziehen, lieber Kleinfische, Frösche, Libellen und andere Wasserinsekten. Bald suchten auch die ersten Ringelnattern das neue Gewässer auf. Um ihren Lebensraum bei uns möglichst vollständig zu machen, begann ich auf einer kleinen Anhöhe vor dem Weiher Äste und Zweige im Halbkreis so zu stapeln, dass sie als Sonnenbank für die Wassernattern dienen konnten. Mit Erfolg.

Als wir die Hofstelle bezogen, gab es unweit des Trockenhangs einen Platz, an dem jede Menge verrottendes Heu lag und an dem offensichtlich früher auch Mist gelagert worden war. Den nutzten auch wir als Deponie für unseren Pferdemist, bis im Herbst ein Landwirt kam, um ihn abzutransportieren. Dieser wilde Misthaufen diente über mehrere Jahre unseren Ringelnattern als Kinderstube. Sommer für Sommer schlüpften Dutzende Minischlangen aus Eiern, die von trächtigen Schlangenweibchen zuvor im warmen Pferdekompost vergraben wurden. Die Verrottungswärme eines solchen Haufens nehmen die Schlangenmütter von Weitem wahr. Sie wissen instinktiv, dass es sich lohnt, hierherzuschlängeln. Bei einer Umgebungswärme von 30 Grad Celsius ist ihr Nachwuchs bereits nach einem Monat schlupffrei. Liegen die Temperaturen darunter, dauert es unter Umständen ein paar Wochen länger. Je früher die Kleinen aber das Ei verlassen, desto eher können sie sich ordentlich vollfressen, bevor der Winter kommt. Ein Vorteil, der in der Evolution dazu geführt hat, dass weibliche Ringelnattern zur Eiablage nach Möglichkeit Orte aufsuchen, an denen Rotte-Organismen in pflanzlichem Material Wärme produzieren. Es ist beziehungsweise war die letzte Bestimmung von Rotschwingel, Trespe und Glatthafer auf unseren Wiesen: als Hinterlassenschaft der Pflanzenfresser zur Nahrung von Bakterien und Pilzen zu werden, die sie unter Wärmeentwicklung auffuttern.

Eines Tages im September hatten wir mal wieder einen Landwirt aus der Nachbarschaft gebeten, den Mist abzuholen. Der kam der Bitte gerne nach, weil er den Dung auf seinem Acker gut gebrauchen konnte. Als der Bauer mit Frontlader und Anhänger anrückte, ging auch ich hinüber zu dem Haufen, weil mich interessierte, ob irgendwelche Tiere zum Vorschein kämen. Es kamen welche! Ich rechnete mit Spitzmäusen, Engerlingen, Laufkäfern, aber von seiner Schaufel purzelten auf einmal lauter weiße, längsovale Eier. Ich war fest der Meinung gewesen, dass die kleinen Ringelnattern in dieser Saison schon lange geschlüpft waren! Mit blieb nichts anderes übrig, als das oder vielmehr die Gelege aufzusammeln und auf etwas feuchtes Moos in einen Eimer zu tun. Insgesamt fand ich nämlich an die hundert Schlangeneier. Ich nahm die ungeborene »Natternbrut« mit ins Haus und rief die Kinder. Ab sofort konnten wir täglich den Schlupf von einem Dutzend kleiner Ringelnattern beobachten. Zusehen, wie sie mit ihrem

Eizahn von innen unter Anstrengungen das Ei auf-
schlitzten, herauskrabbelten und zum ersten Mal zün-
gelnd durch ihre Welt beziehungsweise meinen Eimer
krochen. Wie das alles für so einen beinlosen Winzling
wohl schmeckt? Jede der kleinen Ringelnattern wurde
anschließend zu einer ausgedehnten Flachwasserzone
am Weiher gebracht und ausgesetzt. Ein gutes Gefühl,
die Kleinen davonschlängeln zu sehen.

Das »Projekt Ringelnatter« auf unserem Grund war
eigentlich ein durchschlagender Erfolg. Allerdings gab es
bald einen herben Rückschlag, und der Knüppel wurde
uns von unerwarteter Seite zwischen die Beine gewor-
fen, nämlich vom Gewässerschutz. Eine offene und vor
allem dauerhafte Mistlagerstätte zu betreiben, wie wir
sie übernommen und weitergeführt hatten, war nämlich gesetzlich verboten. Die Düngeverordnungen, die
das Lagern von Tierausscheidungen regeln, wurden in
den letzten Jahren verschärft, dem Schutz der Gewässer
zuliebe. Als wir von der Rechtssituation erfuhren, ließen
wir den Haufen entfernen. Unseren Mist entsorgen wir
seither auf einem nahe gelegenen Bauernhof, wo es eine
Festmistlagerstätte gibt, die allen gesetzlichen Anfor-
derungen entspricht. Unsere Schlangenkinderstube
aber war fortan weg. Ich versuchte Ersatz zu schaffen
und legte oben auf dem Ringelnatter-Hügel am Weiher
einen neuen – legalen – Haufen aus Moos, Falllaub und
anderen Gartenabfällen an. Mit mäßigem Erfolg. Es
fehlt wahrscheinlich die Verrottungswärme, die mehrere

Tonnen Pferdemist kontinuierlich abgeben. Kaum auszudenken, wie viele Ringelnatter-Populationen landauf,
landab ihren Eiablageplatz verloren haben durch Geset-
zesnovellen zum Gewässerschutz, die vom Grundgedan-
ken dem Naturschutz dienen, in der Praxis aber auch
eine zunehmend seltene und geschützte Schlangenart
weiter an den Rand gedrängt haben. Wie so oft eine
Medaille mit zwei Seiten.

Auf dem nach Süden gerichteten Hang des Hügels,
unterhalb der Schlangen-Sonnenbank, gedeiht eine artenreiche Magerwiese. Sie wurzelt allerdings nicht in ge-
wachsenem Boden und entstand nicht in jahrhunderte-
langer Bewirtschaftung. Bei einer Baggerfirma hatte ich
ein paar Lastwagen voll Schotter und Sand bestellt, denen
ein Zwanzigstel Anteil Humus untergemischt waren. So
ließen sich ziemlich nährstoffarme Verhältnisse herstellen. Ich säte eine Trockenrasen-Samenmischung aus und
setzte noch ein paar besondere Gewächse aus einer Ra-
ritätengärtnerei dazwischen.

Schon im ersten Jahr ähnelte meine kleine Versuchs-
magerwiese mit ihrer künstlichen Artenausstattung
einem Naturschutzgebiet. Zwischen filigranen Gräsern
wie dem Silbergras blühen seitdem Wiesensalbei, Wit-
wenblume, Kartäusernelke, Thymian und viele andere.
Mittlerweile ist der kleine Wiesenhang ein regelrech-
tes Paradies. Bereits im Winter öffnen sich an sandigen
Stellen die zitronengelben Sterne des Huflattichs. Kurz
darauf erscheinen wie aus dem Nichts die zartblauen

Blüten der Elfenkrokusse. Die kommen im Isental freilich nicht natürlicherweise vor, und die Zwiebeln hatte ich vor einigen Jahren im Herbst gekauft und in die Erde gesteckt. Aber wie der Huflattich und andere Frühblüher im Trockenrasen laden sie schon im Februar die ersten Wildbienen zum Nektartrinken und Pollensammeln ein. Das zu beobachten gefällt mir ebenso gut, wie den Vogelgesang an den ersten milden Frühlingstagen zu hören.

Schon im zweiten Jahr nach dem Aufschütten des mageren Bodens haben sich Seidenbienen und Sandbienen den Hügel als Brutstätte ausgesucht. Beide legen keine Gemeinschaftsnester an, wie die Honigbiene. Jedes Weibchen gräbt für sich einen eigenen Brutstollen, der mehr als einen halben Meter in den sandigen Boden hineinreicht. Später im Jahr gibt es noch mehr Bienenarten in diesem kleinen Trockenbiotop: Harzbienen, Blattschneiderbienen, Mauerbienen, Furchenbienen, Schmalbienen und viele andere. Ohne allzu viel über Wildbienen zu wissen, fand ich immer mehr Gefallen daran, die unterschiedlichen Arten zu beobachten, sie auseinanderzuhalten und ihre Biologie kennenzulernen. Und neben den Bienen gab es ja noch so viele andere Insektengruppen, die bei genauerem Hinsehen einen schier unendlichen Kosmos eröffneten.

Der Schneckenhausbiene zuzusehen, wie sie zwischen Grashalmen ein leeres Schnirkelschneckenhäuschen in eine Bienenkinderstube verwandelte, machte mir besondere Freude. Zuerst dreht und wendet die hübsche Wildbiene mit dem rotschwarzen Pelz das leere Schneckenhaus, um seine Eignung zu überprüfen. Dann übersät sie ihre spiralförmige Brutstätte mit zerkauten Blättern. Das Schneckenhaus sieht dann aus, als hätte es grüne Windpocken. Nachdem das Bienenweibchen in Dutzenden Sammelflügen Blütenpollen herbeigeschafft und diesen zusammen mit je einem Bienen-Ei in Kammern im Inneren des Schneckenhauses deponiert hat, verschließt sie den Eingang zu ihrer Kinderstube mit kleinen Steinchen, jedes davon für die Biene im Verhältnis so groß wie ein Hinkelstein. Damit nicht genug; die fertige Brutstätte will getarnt sein!

Um die hundert Mal fliegt das erstaunliche Insekt los, um trockene Grashalme und dünne Pflanzenstängel in der Magerwiese zu suchen. Die schleppt sie dann per Lufttransport herbei; mancher Stängel mehr als zehn Mal so lang wie sie selbst. Und die lehnt sie dann schräg ans Schneckenhausnest, bis am Ende eine Art Tipi entstanden ist, das den Blick auf das ohnehin schon durch grüne Punkte getarnte Schneckenhaus verdeckt. So steht es im Wildbienenbuch, und genau so konnte ich es, zu Hause und vor der Haustüre, mit einem Kaffeebecher in der Hand, beobachten. Obwohl ich nicht zum ersten Mal eine Schneckenhaus-Mauerbiene beobachtet und gefilmt hatte, stand ich staunend inmitten des blühenden Trockenrasens und war zutiefst fasziniert – von der Leistung des kleinen Insekts ebenso wie von dem großen

Ganzen, von der Natur, die solche Formen, Farben und Verhaltensweisen entstehen lässt.

Der Ringelnatterhügel liegt keine hundert Schritte von meinem Büro entfernt. Ab Februar schlendere ich mehrmals täglich dorthin, um zu sehen, ob ich etwas Neues entdecke. Und fast immer ist irgendetwas zu finden! Die Fläche des kleinen Trockenwiesenbiotops beträgt kaum 150 Quadratmeter. Aber auf ihm wachsen schätzungsweise 100 Pflanzenarten. Hier haben vielleicht 40 Wildbienenarten ihr Zuhause. Dazu kommen sicher zehn verschiedene Heuschrecken-, 15 Wanzen- und ein Dutzend Schmetterlingsarten. Dann noch jede Menge Schweb- und andere Fliegen, Zikaden und Spinnen. Außerdem unzählige kleine Wirbellose, die man kaum zu Gesicht bekommt, wie Springschwänze und Ameisen.

Es ist sicher nicht übertrieben, zu behaupten, dass ein Drittel der hier lebenden Tierarten auf einer Roten Liste steht, also per Gesetz als besonders schützenswert gilt (die ebenfalls meist seltenen Pflanzenarten zählen nicht, weil ich sie ja künstlich eingesät hatte). Dazu kommen noch all die größeren Tiere, die den Hügel zur Nahrungssuche nutzen und die ebenfalls gesetzlichen Schutz »genießen«. In der Nacht stöbern Igel, Feldspitzmaus und Fledermäuse in der Fläche nach schmackhaften Kleintieren. Am Tag lädt die kleine Magerwiese Vögel wie Stieglitz, Feldsperling und Neuntöter zur Mahlzeit ein. Auch seltene Gäste lassen sich blicken. Zu meiner großen Freude machte einmal ein Wendehals im Frühling länger Rast bei uns und saß immer wieder auch auf einem Zaunpfosten am Rand der Wiese. Er »bezahlte« dafür, dass er sich hier die Tage über satt fressen konnte, indem er ein tolles Motiv für unsere Kamera abgab.

Viele Singvögel sind auf die Insekten scharf, die sich hier tummeln. Andere kommen wegen der Grassamen. Auf unserem Trockenhügel reifen alle Pflanzen in Ruhe heran, blühen und bilden Samen. Vom späten Frühjahr an hängen die Rispen von Silbergras, Zittergras, Glatthafer, Rotschwingel und anderen voll mit Samen, und die Finkenvögel beginnen mit der Ernte. Ein Teil fällt herab und wird hier ebenfalls von Vögeln, aber auch von Käfern oder Mäusen gefunden und aufgefressen. Der allerkleinste Teil bleibt unentdeckt, keimt und wird zu einer neuen Graspflanze.

Erst spät im Jahr mähe ich die Magerwiese auf meinem Hügel. Weil die zu mähende Fläche ohnehin nicht sehr groß ist, kann ich die Verluste durch das Mähen gezielt klein halten: Ich mache einen ersten Durchgang mit der Sense und schneide vor allem die dickeren, abgetrockneten Halme und Stängel ab, die ich anschließend bündele und am Rand des Magerrasens deponiere. Die Insekten, die als Eier, Larven oder Puppen zum Überwintern in oder an den Halmen sitzen, bleiben so erhalten und können im nächsten Frühjahr, lediglich um ein paar Meter versetzt, ihre Entwicklung fortsetzen. Erst nachdem das grobe Material gebündelt und entfernt ist, rücke ich mit dem Rasenmäher an, um möglichst viel der restlichen Pflanzenmasse abzutragen, womit ich der Eutrophierung, also dem Nährstoffeintrag aus der Luft, entgegenwirke.

Die Halmbündel dienen im kommenden Frühling nicht zuletzt meinen Ringelnattern und Eidechsen als Sonnenplatz. Und wenn ich dann wieder um den Hügel schlendere, um mich an Frühblühern und Wildbienen zu erfreuen, und am Ende eine »meiner« Ringelnattern bei Sonnenbaden erwische, freue ich mich nach wie vor wie ein Kind. Dann spüre ich das Verlangen, mit einem gekonnten Satz ins Gebüsch zu springen und mit vor langer Zeit geübten Handgriffen der Schlange habhaft zu werden. Doch mittlerweile kann ich fast immer widerstehen. Manchmal hole ich die Kamera und mache Aufnahmen von den geliebten Schuppenkriechtieren. Oft aber stehe ich einfach da, schaue den Tieren eine Weile zu und bin stets aufs Neue davon fasziniert, welch große Artenvielfalt sich auf einem derart kleinen Raum entfalten kann.

KAPITEL 6

Stumme Landschaften

Knirschend verschieben sich Sand und Kieselsteine unter den Sandalen. Zur Linken eine frisch gemähte Wiese, auf der duftende Heuballen in der Sonne liegen. Auf einem der graugrünen Pakete sitzt eine Grauammer und schmettert ihr raues Lied. Zur Rechten ein noch nicht gemähter Hang voller Glockenblumen und Margeriten, der bis hinauf in den Himmel zu reichen scheint. Ganz oben, als grüne Silhouette vor Azurblau, recken sich uralte Obstbäume in den Himmel, während entlang des Feldweges vereinzelt Sträucher in voller Blüte stehen und duften: Liguster, Hundsrose, Weißdorn. Aus der Wiese dringt das schmeichelnde Zirpkonzert der Feldgrillen ... Wer würde einen Spaziergang in einer solchen Landschaft nicht genießen, die Bilder und Geräusche im Innersten aufnehmen und dabei Kraft tanken?

Wem würde es nicht gefallen, auf einem von gelbweiß leuchtenden Margeriten gesäumten Feldweg durch bunt blühende Wiesen zu laufen, während hoch am Himmel Feldlerchen-Männchen ihr unablässiges Tirilieren erklingen lassen, das schon so viele Musiker und Komponisten inspiriert hat?

Auch die melancholischen Kjuuu-witt-witt-witt-Rufe der Kiebitze, die aus einer taunass glitzernden Frühlingswiese schallen, weiß von massenhaft blühendem Wiesenschaumkraut, dürften wohl kaum jemand völlig unberührt lassen. Zumal wenn sich zum Flöten der Kiebitze die kräftige Stimme des Blaukehlchens gesellt und balzende Brachvögel mit melancholischen Triller-Strophen ihr Revier anzeigen.

Den unzähligen, verschiedenartigen Stimmen in der Natur wird oft wenig Beachtung geschenkt, obwohl sie zur festen Ausstattung unseres Lebensraumes gehören. Wenn im Fernsehkrimi eine Handlung an einem Sommerabend spielt, werden häufig Heuschreckenstimmen eingesetzt, um den Zuschauer in die entsprechende Jahres- oder Tageszeit zu versetzen. Meist sind es Grillen, die zum Einsatz kommen; im Idealfall eine Art, die am Spielort des Filmes natürlicherweise auch vorkommt. Viele digitale Geräuschbibliotheken, auf die Tonleute zugreifen, um Filmhandlungen mit passenden Tönen und geeigneter Atmosphäre auszustatten, stammen allerdings aus den USA. Deswegen passiert es immer wieder, dass texanische Weinhähnchen unter einer Berliner Biergartenszene liegen. Erfahrene Tonmeister achten natürlich auf solche »Kleinigkeiten«, obwohl der Unterschied kaum jemandem auffällt.

Das sommerliche Schnarren der unterschiedlichen Grashüpfer oder das scheinbar endlose Zwitschern des Grünen Heupferds sind Klänge, die bei den meisten von uns Stimmungen hervorrufen, die wir mit Badeausflug, Grillparty und Sommerferien verbinden und die zu unserem Wohlbefinden beitragen. Selbst wenn wir die tierischen Klangkünstler hinter dem Geräusch nicht kennen und vielleicht auch gar keinen großen Unterschied zwischen den verschiedenen Gesängen ausmachen können – es hört sich gut an.

Jede Heuschreckenart hat sich im Lauf der Evolution eine bestimmte Frequenz »ausgesucht«, eine gewisse Lautstärke und eine bevorzugte Uhrzeit, damit das Werben auch Gehör findet. Und zwar nicht bei uns Ausflüglern oder Fernsehzuschauern, sondern bei den Weibchen der eigenen Art. Jede Wiese hat ihren Chor, ihre eigene Akustik und damit ihren ganz speziellen Klang. Die Zusammensetzung der Arten, die in einer Wiese leben und mit Einzelgeräuschen oder komplexen Strophen auf sich aufmerksam machen, ist oft typisch für bestimmte Wiesenformen. So schallt es aus feuchten Wiesen so und aus trockenen anders. Aber auch innerhalb eines Wiesentyps hört sich das Konzert zweier verschiedener Flächen nie ganz gleich an.

In Deutschland leben etwa 80 verschiedene Heuschreckenarten. In der Schweiz kommt man auf 110, und in

Österreich finden sich 130 verschiedene Spezies. Natürlich leben nicht alle Arten in Wiesen, aber ein Großteil. Und natürlich gibt es auch stumme Heuschrecken, aber die meisten Arten haben ihr eigenes Lied. Das Gros dieser sechsbeinigen Interpreten ist nur wenigen von uns geläufig: Zu Nachtigallgrashüpfer, Zartschrecke und Warzenbeißer hat nicht jeder ein Bild vor Augen. Auch viele Musikanten aus anderen Tiergruppen hören sich nicht besonders vertraut an: Schaum-, Blut- oder Bergzikade etwa.

In Deutschland leben mehr als 600 (!) Zikadenarten, die meisten davon im Offenland, in Wiesen. Wer oft draußen unterwegs ist und schon mal aufmerksam durch eine Frühlingswiese gegangen ist, der hat sicher die vielen kleinen Schaumbällchen entdeckt, die an Grashalmen und Blütenstängeln hängen. »Kuckucksspucke« sagt der Volksmund zu diesen kleinen Gebilden, die aber natürlich nichts mit dem gefiederten Frühlingsboten zu tun haben. Es sind Schaumnester, die die Larven der Schaumzikaden selber bauen, um sich darin vor Feinden zu verstecken und in Ruhe Pflanzensäfte saugen zu können.

Nur ein paar Zikaden geben für unsere Ohren deutlich vernehmbare Laute ab. Die meisten sind ziemlich leise, unterhalten sich mittels Vibrationen der Halme und Blätter, auf denen sie sitzen. Auch Wanzen sind Musikanten. Es gibt noch mehr Wanzenarten bei uns als Zikaden. Über 800 verschiedene haben Insektenkundler entdeckt.

Viele von ihnen sind Wiesenbewohner mit einem schier überwältigenden Farben- und Formenreichtum. Kaum einen Farbton, den es bei den wiesenbewohnenden Wanzen nicht gibt. Manche sind rund und hoch aufgewölbt wie eine Schildkröte, andere haben Dornen, Höcker oder alle möglichen Fortsätze. Das »Grasgespenst« ist länglich spitzoval und sieht aus wie ein unreifer Grassame. Eine perfekte Tarnung! Und, man möchte es kaum glauben, auch Wanzen haben Lieder. Professor Matija Gogala vom Slowenischen Naturkundemuseum in Ljubljana hat die Gesänge der Wanzen erforscht und Unglaubliches herausgefunden. Wanzen singen – und wie! Die interessantesten Laute erzeugen die Vertreter der Erdwanzen, eine von vielen Wanzenfamilien. Werden sie gestört, zirpen sie. Trifft ein Männchen auf einen Geschlechtsgenossen oder ein Weibchen, kommt es zum Duett. Die von Professor Gogala mit einem Spezialmikrofon dokumentierten Wanzenstimmen klingen geradezu abenteuerlich. Ein balzendes Männchen der Schwarzweißen Erdwanze erzeugt Geräusche, die sich wie eine Mischung aus Schnalzen, Quietschen und einem absterbenden Bootsmotor anhören, wenn auch sehr leise.

Der Wanzenprofessor aus Ljubljana hat noch mehr Entdeckungen gemacht. Er beobachtete auch das Teufelchen, das, wie die Schwarzweiße Erdwanze, sowohl in Slowenien als auch in Deutschland in trockenen Wiesen lebt. Das Teufelchen wird auch Gottesanbeterinnen-Wanze genannt, weil es mit den zu Fangapparaten

154

umgestalteten Vorderbeinen seine Beute packt, um sie anschließend ganz nach Wanzenart auszusaugen. Das Teufelchen gehört zu den Raubwanzen, einer weiteren Wanzenfamilie. Aber das war schon lange bekannt. Der wanzenbegeisterte Wissenschaftler hielt die Tiere im Labor und beschäftigte sich intensiv mit den kleinen Räubern und ihren Stimmen. Dass auch das Teufelchen einen Lautapparat besitzt, war ebenfalls bekannt, nicht aber, wie sich ihr Gesang genau anhört und dass die kaum einen Zentimeter lange Raubwanze sogar imstande ist, ihrem Pfleger nachzupfeifen. Im Experiment zeichnete Professor Gogala die Rufe der Tiere auf und wie sie dabei auf den Menschen reagieren. Pfeift der Pfleger lang, tut es auch die Wanze. Pfeift er kurz, pfeift auch das Teufelchen kurz. Das Spiel wiederholt sich viele Male. In unseren Wiesen stecken noch so viele Geheimnisse und unentdeckte Naturgeschichten! Schon deswegen müssen wir uns um ihren Schutz kümmern. Es wäre zu schade, wenn Teufelchen, Schwarzweiße Erdwanze und Hunderte weitere Wiesenwanzen und -zikaden von der heimischen Erdoberfläche verschwinden würden, selbst wenn sie kaum einer kennt und auch kaum einer je zu Gesicht bekommt.

Auch aus der Vogelwelt gibt es einige Sänger im Halmdschungel, die den meisten von uns eher nicht bekannt sein dürften. Wer könnte schon aus dem Gedächtnis eine Schafstelze oder einen Wiesenpieper malen? Dabei waren manche der heutzutage unbekannten Solisten im Wiesenkonzert einst weitverbreitet, und jeder, der regelmäßig auf dem Land unterwegs war, hatte ihr Lied schon einmal gehört. All diese kleinen und größeren Musikanten verschwinden aus der Landschaft, wo die Wiesen eintönig grün werden. Die mehrfache Abfolge von Düngen und Mähen in einer Saison lässt keinem der Sänger eine Chance. Je intensiver die Bewirtschaftung, desto härter müssen die Wiesenbewohner im Nehmen sein, desto schneller müssen sie ihren Lebenszyklus vollenden können. Das betrifft die Tiere und die Pflanzen.

Einen wahren Überlebenskünstler und zugleich einen der wenigen Gewinner der gegenwärtigen Industrialisierung der Landwirtschaft werden wir später noch kennenlernen. Auf jeden Fall sind in der immer stärker genutzten Landschaft irgendwann alle Lieder verstummt. Erst sind es nur einzelne Wiesen, aus denen kein Schnarren, Flöten und Zirpen mehr dringt. Schließlich verlieren ganze Regionen ihre Gesänge und damit eine Qualität, die wir uns vielleicht zu wenig vor Augen führen.

Immer mehr Naturgeräusche hört man nur noch in besonders geschützten, mitunter eingezäunten Gebieten, in denen Projekte zur Arterhaltung laufen. Die wiederum darf der normale Naturfreund oft nicht betreten – aus gutem Grund, gelten die letzten ihrer Art vielfach doch als ziemlich störungsempfindlich. So erleben immer weniger Menschen die einst ganz normale Geräuschkulisse ihrer Heimat. In der Folge kennt kaum noch jemand die Namen der tierischen Sänger. Das Tragische daran ist, dass sie dann auch niemand vermisst.

Wie schnell der Rückgang der Wiesenmusikanten vonstattengeht, wird am Beispiel des Kiebitzes deutlich. Bevor unsere Vogelwelt zahlenmäßig erfasst wurde, gab es in Europa sicherlich viele Millionen Brutpaare des Watvogels mit dem Schopf, den zumindest vom Namen her heute noch viele Kinder kennen. Lange Zeit profitierte der Kiebitz nämlich vom Menschen. Die extensive Bewirtschaftung von Grünland schuf überall Brutlebensräume, wo der Boden feucht war. Als weder Gülle noch Kunstdünger auf die Wiesen kam, wurde nicht vor Mitte Juni gemäht, und die Kiebitzküken hatten genügend Zeit, um groß zu werden. Im 19. Jahrhundert lebten in Deutschland wohl mehr Kiebitze als jemals zuvor. Doch im Jahrhundert darauf setzte ein beispielloser Niedergang ein. Der *Atlas Deutscher Brutvogelarten* (ADEBAR) und andere ornithologische Quellen nennen als Grund dafür die Veränderungen durch moderne und intensive Bewirtschaftungsmethoden in der Landwirtschaft. 1985 gab es laut ADEBAR bundesweit nur mehr gut 200000 Brutpaare. Heute versuchen noch 60000 bis 80000 Kiebitz-Pärchen ihre Jungen in Deutschland großzuziehen. Alles in allem ein krasser Rückgang.

Der Kiebitz war früher so häufig, dass seine Eier in den Frühlingswiesen als Nahrungsmittel gesammelt wurden. Otto von Bismarck schätzte den Geschmack der schwarz gefleckten Eier sehr. Nach der Reichsgründung 1871 hatte eine Stammtischrunde aus Jever die Idee, ihrer Bewunderung für den Reichskanzler mit einer Art Geschenk-Abo Ausdruck zu verleihen: Bis zu seinem Tod im Jahr 1898 erhielt Bismarck pünktlich zu seinem Geburtstag am 1. April von seinen Verehrern eine Kiste mit 101 Kiebitzeiern. Bismarck war mit seiner Vorliebe für diese Delikatesse nicht allein. In den Niederlanden wurden Kiebitzeier bis in die jüngste Vergangenheit gegessen. Einst erhielt derjenige, der als Erster im Frühling dem Königshaus ein Kiebitzei brachte, im Gegenzug ein silbernes Ei zur Belohnung. Erst 2015 wurde das Sammeln der Kiebitzeier zu Speisezwecken verboten. Dennoch lebt die Tradition, im Frühling nach Kiebitzeiern zu suchen, noch immer fort, allerdings unter geänderten Vorzeichen und im Einklang mit den Naturschutzgesetzen: Kiebitznester suchen nun lizenzierte Vogelkundler – und zwar um selbige für die Landwirte gut sichtbar zu markieren und so das Überleben der Brut zu sichern.

Das massenhafte Sammeln von Kiebitzeiern in vergangenen Zeiten war sicher nicht der Grund für den Zusammenbruch der Kiebitzpopulationen. Es ist, wie so oft, das Verschwinden des geeigneten Lebensraumes. In den Niederlanden und anderswo. Umgekehrt hat das europaweite Verbot des Sammelns von Kiebitzeiern der Vogelart nicht geholfen. Solche Schutzmaßnahmen, die auf einzelne Individuen abzielen und nicht auf die Lebensgrundlagen einer Population, nützen nur den wenigsten Tierarten, namentlich jenen, die an der Spitze der Nahrungspyramide stehen und die kaum natürliche Feinde haben.

Ein Kiebitzei hatte ich noch nie zum Frühstück. Aber eine andere Vorliebe teile ich mit Otto von Bismarck, nämlich die für die Deutsche Dogge, die vielleicht unhandlichste, aber für meinen (und Bismarcks) Geschmack schönste Hunderasse der Welt. Während es einer von Bismarcks »Reichshunden« beinahe schaffte, durch das Zerfetzen einer russischen Diplomatenhose Deutschland in eine diplomatische Krise zu stürzen, waren die drei Doggen, die bislang unseren Hof bewohnten, nur für kleinere Aufreger gut. Doggenrüde »Simba« läuft gelegentlich frei umher, meist ist er auf Spaziergängen jedoch an der Leine. Zu oft hatten sich Spaziergänger erschreckt, denen einer unserer früheren Riesenhunde freudig entgegengesprungen war.

Wichtigstes Etappenziel bei der Hundeerziehung ist für mich, dass die Dogge schlagartig wie angewurzelt neben mir verharrt, sobald ich mit einem schlurfenden Schritt plötzlich stehen bleibe und nach meinem Fernglas greife, das auf Hundespaziergängen stets um meinen Hals hängt. Denn beim Gassigehen versuche ich mir einen Überblick über die Vogelwelt in den Wiesen bei uns im Tal zu verschaffen.

Seit 1999 beobachtete ich auch die Kiebitze, die in fußläufiger Entfernung um unser Haus brüteten. Die Vergangenheitsform »brüteten« ist leider angebracht, weil alle vier Kiebitzpaare, die noch zur Jahrtausendwende Brutversuche in der Gegend unternahmen, irgendwann verschwunden waren. In den feuchten Wiesen selbst hatten die Isental-Kiebitze schon seit Jahrzehnten nicht mehr ihre Jungen großgezogen. Sie waren in die Maisfelder ausgewichen, weil der blanke Boden zum Nisten einlädt und die Wiesen durch das Düngen so dicht und wüchsig geworden waren, dass sie als Brutstätte nicht mehr taugen.

Seit drei Jahren brüten also gar keine Kiebitze mehr in der Umgebung unseres Hofes. Aber seit drei Jahren stehen Schilder an den Feldwegen im Tal, auf denen ein gezeichneter Kiebitz die »Zeigefinger-Feder« hebt und den Spaziergänger zu seinem Schutz mahnt, auf den Wegen zu bleiben und den Hund anzuleinen. Zwar halte ich das Anleinen von Hunden, besonders im Frühling, generell für sinnvoll, zumindest wenn man nicht ganz sicher sein kann, dass der Vierbeiner es mit der Treue auch dann genau nimmt, wenn er eine spannende Fährte aufnimmt. Allerdings glaube ich nicht, dass auch nur ein einziges der Kiebitzpärchen aus der Gegend verschwunden ist, weil ihm Spaziergänger mit Hunden das Leben schwer gemacht hätten. Die Aufschrift auf den Tafeln müsste eigentlich ganz anders lauten …

Unsere Kinder kennen noch die Rufe der balzenden Kiebitze. Und wenn ganze Trupps der schwarz-weißen Vögel auf dem Zug bei uns im Tal Rast machen, dann ist das Kjuuu-witt-witt-witt vorübergehend wieder da. In unserem Haus hängt ein Kiebitzbild an der Wand, und natürlich hat unser Nachwuchs schon vielen Gesprächen der Eltern gelauscht, in denen es um den Kiebitz ging. Aber wie viele ihrer Mitschüler, deren Eltern nicht so naturaffin sind, wissen, wie ein Kiebitz aussieht? Wie viele könnten den schwarz-weißen Vogel (dessen Gefieder bei genauem Hinschauen eigentlich in allen Farben des Regenbogens schillert) skizzieren? Wahrscheinlich nicht sehr viele.

Selbst den Spatz, Inbegriff des Vogels in unserer Nachbarschaft, kennt heute nur noch jedes dritte Kind. Professor Volker Zahner leitet die Fakultät Wald- und Forstwirtschaft an der Fachhochschule Weihenstephan und hat vor gut zehn Jahren in einer Arbeitsgruppe aus Forstingenieuren untersucht, wie es um die Vogelkenntnisse bei bayerischen Schülern bestellt ist. In Anlehnung an den bekannten Pisa-Schulleistungstest wurde die Untersuchung »Vogel-Pisa-Studie« genannt. Acht Prozent der Schüler kannten demnach überhaupt keine Vogelart, nur jeder Hundertste konnte alle zwölf Arten bestimmen, die abgefragt wurden. Unser häufigster Vogel in Wäldern, Parks und Gärten, der Buchfink, war die am wenigsten geläufige Art. Wiesenvögel, die ja nicht in unseren Gärten anzutreffen sind, wurden gar nicht erst abgefragt. Mädchen kennen im Durchschnitt ein paar Vogelarten mehr als Jungs, auch gibt es Unterschiede zwischen den Schularten. Je höher das Schulniveau, desto größer die Artenkenntnis.

Warum kennen unsere Kinder so wenige Vogelarten?

Ganz einfach: weil auch die Erwachsenen immer weniger Wissen um die Natur haben. Tiere, die aussterben oder selten werden, verschwinden aus dem Gedächtnis der Menschen.

Auch das bestätigt die Studie: Eltern und Verwandte sind beziehungsweise wären die wichtigste Wissensquelle für Kinder, gefolgt von Lehrerinnen und Lehrern. Da es in den meisten Haushalten keine Großeltern mehr gibt, die viel über die Natur wissen und ihr Wissen an die Enkel weitergeben, und die Eltern immer weniger Zeit für die Erziehung haben, kommt der Schule eine besondere Bedeutung zu. Allerdings drängt sich auch hier die Frage auf, wie viele Lehrer es heute noch gibt, die einen Überblick über die heimische Natur haben und die Vögel, Schmetterlinge oder Wiesenblumen beim Namen nennen können, denen die Klasse am Wandertag begegnet. Kinder brauchen Vorbilder, deren Freude und Interesse an der Natur zur Nachahmung anregen. Wenn aber das Wissen über Tiere und Pflanzen quer durch die Gesellschaft abnimmt, gibt es auch immer weniger Vorbilder für die heranwachsende Generation.

Im vergangenen Frühjahr war ich in Oberbayern unterwegs, um Feldlerchen zu filmen. Ich spazierte mit meinem blauen Kamerarucksack, auf dem quer das Stativ lag, einen Feldweg hinauf, als mir mit hoher Geschwindigkeit ein moderner Schlepper entgegenfuhr und kurz vor mir zum Stehen kam. Ein Landwirt kletterte aus dem

Ungetüm und wandte sich mir zu. Mit einem freundlichen Lächeln im Gesicht fragte der Bauer, der etwa mein Alter hatte, ob ich etwas suche. »Genau genommen schon«, entgegnete ich und erklärte, dass ich für einen Film über Blumenwiesen Aufnahmen von Feldlerchen machen wolle, die ja eigentlich Wiesenbrüter seien und bekanntlich Äcker nur als Ersatzlebensraum nutzten, weil es kaum mehr magere Wiesen gebe. »Und die Gegend hier ist doch optimal, weil es noch verhältnismäßig viele Feldlerchen gibt, oder?«, fügte ich hinzu. »Feldlerchen?«, fragte er verwundert und fuhr fast etwas unsicher fort: »Welche sind denn das?« Ich war erstaunt. Der Landwirt war ständig draußen im Lebensraum der Lerchen unterwegs und musste den kleinen Vogel schon unzählige Male gesehen und vor allem gehört haben. Aber er konnte mit dem Namen und meinen Schilderungen der Vogelgestalt nichts anfangen.

Weil das Imitieren von Vogelstimmen nicht zu meinen größten Talenten zählt, versuchte ich den charakteristischen Lerchengesang mit Worten zu beschreiben, erklärte, wie die Vögel, ihre Dauerstrophe schmetternd, am Himmel stehen und sich dann trillierend herabsinken lassen, und ich glaube, ich wurde dabei etwas leidenschaftlich. Der Bauer hatte meine offensichtliche Begeisterung für den kleinen, braunen Vogel registriert und schmunzelte. Die Feldlerche, für deren Lebensraum er so viel Verantwortung hatte, war ihm noch nie aufgefallen. Er erwähnte im Verlauf des Gesprächs, dass er

Landwirtschaft studiert hatte, »aber die Tiere und Pflanzen der Feldflur haben da eigentlich keine Rolle gespielt«. Ganz offensichtlich!, dachte ich mir und konnte es noch immer nicht fassen, dass die Feldlerche kein Begriff für ihn war. Woher sollen dann seine Kinder den Feldvogel kennen? Der sympathische Landwirt erzählt daheim am Familientisch sicher von vielem, dachte ich mir, aber ganz bestimmt nicht von den Tieren, die auf Gedeih und Verderb von der Art der Bewirtschaftung seines Landes abhängen. Dabei war ich mir sicher, dass auch er sich für Feldlerche & Co. begeistern könnte, wenn nur jemals der Funken übergesprungen wäre. Wenn nur ein Großvater mit ihm begeistert dem ersten Lerchengesang im Frühling gelauscht hätte und wenn vielleicht aus lauter Neugier von den beiden der Versuch unternommen worden wäre, ein Lerchennest zu finden.

Ein Lerchennest zu finden ist übrigens eine schwierige Angelegenheit, wie wir bei den Dreharbeiten für unseren Wiesenfilm erfahren mussten. Die Lerchenküken haben einen besonderen Flaum auf dem Kopf, der aussieht wie trockenes Gras und die Vögelchen völlig mit der Nestumgebung verschmelzen lässt. Mucksmäuschenstill halten sich die perfekt getarnten Mini-Feldlerchen. Erst wenn der Altvogel am Nest erscheint, fliegt die perfekte Camouflage auf, denn dann öffnen sich die orangeroten Rachen der lautstark bettelnden Jungvögel. Allerdings gibt es immer weniger Gegenden, in denen ein Opa und sein Enkel noch dem Lerchengesang lauschen können.

Nach Angaben des *Atlas Deutscher Brutvogelarten* ist der Bestand der Feldlerche im westlichen Mitteleuropa und Westeuropa seit Mitte des letzten Jahrhunderts um bis zu 90 Prozent zurückgegangen. Ein dramatischer Befund, der sich mehr oder weniger auf alle wiesenbrütenden Vogelarten übertragen lässt.

Das Verschwinden des Lerchengesangs vom Frühlingshimmel ist für mich und sicher auch für viele andere Naturfreunde ein immenser Verlust. Einst war die Feldlerche überall dort zu hören, wo Landwirtschaft betrieben wurde. In letzter Zeit aber nur noch über offenen Flächen, auf denen nicht bis ins letzte Eck gespritzt, bis an den Feldweg geackert und bis ans Bachufer Dünger gefahren wird. Auch andere Stimmen von Wiesenvögeln waren einst überall zu hören. Der Große Brachvogel verlieh mit seinen melodischen wie melancholischen Trillerstrophen feuchten Wiesenlandschaften ein ganz besonderes Flair. Wo seine Balzgesänge ertönen, ist die Wiesenwelt noch in Ordnung. Allerdings hängen solche Gebiete mittlerweile fast ausnahmslos am Tropf des staatlichen oder privaten Naturschutzes. In der regulären Kulturlandschaft sind all diese Arten praktisch ausgestorben.

Wie der Kiebitz hatte der Brachvogel einst stark von Mensch und Landwirtschaft profitiert. Im Lauf der Jahrhunderte wurden immer mehr Auwälder in den Flusstälern gerodet und in Wiesen umgewandelt, die nur ein- oder zweimal im Jahr gemäht wurden. Dadurch entstanden viele als Brutgebiete geeignete Brachvogel-Lebensräume. Mit der zunehmenden Trockenlegung von Feuchtgebieten und der immer intensiveren Bewirtschaftung kehrte sich dieser Trend um. ADEBAR gibt für die frühen 1970er Jahre einen Brachvogelbestand von 7000 Brutpaaren für Deutschland an. Bis zur Jahrtausendwende sollte sich ihre Anzahl etwa halbieren. Und die weiteren Aussichten für den Krummschnabel sind nicht rosig.

Dabei lässt sich der Abwärtstrend lokal, also in Wiesenbrüterschutzgebieten, leicht stoppen oder sogar umkehren. Ob an der Wümme bei Bremen oder an der Isar bei Landshut, überall in Deutschland gibt es solche Wiesenbrütergebiete, in denen Brachvogel & Co. nach wie vor ihre trillernden Rufe ertönen lassen und erfolgreich ihre Jungen großziehen. Allerdings ist der Aufwand zum Erhalt dieser Populationen nicht zu unterschätzen. Mit den Landeigentümern, also den Bauern, müssen zunächst besondere Verträge geschlossen werden, in denen Ausgleichszahlungen dafür garantieren, dass auf eine frühe Mahd und Düngemittelgaben und somit auf höhere Erträge verzichtet wird. Sprich: Der Landwirt arbeitet naturfreundlicher und weniger intensiv, hat daher Einbußen bei der Ernte und erhält Geld zum Ausgleich. Vertragsnaturschutz nennt sich diese Konstruktion, ohne die wir in vielen Gegenden längst alle unsere Wiesenvögel verloren hätten. Aber reichen diese Maßnahmen aus?

Untersuchungen haben gezeigt, dass selbst in ganz und gar brachvogelfreundlich bewirtschafteten Wiesengebieten kaum Jungvögel schlüpfen und die Bestände weiter zurückgehen, weil der Großteil der Wiesenbrütergelege von Füchsen und anderen Eierliebhabern aufgefressen wird. War das früher anders? Haben die Füchse ihre Vorliebe für Vogeleier erst in jüngster Zeit entdeckt? Oder gibt es mehr Füchse als früher? Keineswegs. Philipp Herrmann, der als »Vogelphilipp« jedes Jahr im Mai Aufzeichnungen von singenden Vögeln, die ihm zugesandt werden, für jedermann und jederfrau bestimmt, hat über viele Jahre im Auftrag der Landshuter Naturschutzbehörde Brachvögel kartiert. Er kennt das Problem, das Vögel wie Füchse haben: Es ist die Landschaft rings um die Wiesenbrütergebiete. Sie ist nicht mehr so naturnah wie einst, als in Niederungen und Flussauen die Wiesenvogel-Lebensräume noch bis zum Horizont reichten.

Meist umfassen die Schutzgebiete heute nicht mehr als ein paar hundert Hektar. Und auf diesen Inseln leben nicht nur Brachvogel, Feldlerche, Kiebitz & Co., sondern auch jede Menge andere Tiere: Heuschrecken, Schmetterlinge, Mäuse, Frösche, Regenwürmer und viele andere. Um das Wiesenvogelschutzgebiet herum gibt es moderne Landwirtschaft: Mais, Getreide, Intensivgrünland. Kein Wunder, dass alle hungrigen Füchse der Umgebung zur Nahrungssuche des Nachts in das Schutzgebiet wandern, denn hier lässt sich mit geringerem Aufwand mehr zu fressen finden. Und selbstverständlich trifft ein Fuchs keine moralische Unterscheidung zwischen einem Regenwurm und einem Kiebitzei. Beides schmeckt ihm, und beides hilft, den eigenen Nachwuchs zu versorgen. Und nur darum geht es letztlich allen Lebewesen der freien Wildbahn, egal ob verhasst oder verhätschelt, ob Pflanze oder Tier.

Die Lösung für das Fuchsproblem ist einfach, aber zeitaufwendig, weiß der Vogelphilipp: Geschulte Vogelkundler spähen die Nester der bedrohten Wiesenvögel aus und tragen sie in Karten ein. Anschließend werden die Gelege eingezäunt – mittels batteriebetriebener Elektrozäune. Die Vögel sehen in den Drähten keine Gefahr und staksen, kurz nachdem die Vogelschützer wieder weg sind, unter dem Zaun hindurch zum Nest. Der Fuchs mit seiner empfindlichen feuchten Nase aber wagt es nicht, unter der Drahtkonstruktion hindurchzuschlüpfen. Er macht spätestens hier kehrt und sucht woanders weiter und fängt hoffentlich – vogelschutzkonform – Regenwürmer und Mäuse.

Das Überleben des Großen Brachvogels hängt also davon ab, dass zwei Dinge auch weiterhin zusammenkommen. Auf der einen Seite Landwirte, die ihre Flächen, gegebenenfalls gegen Ausgleichszahlungen, naturverträglich bewirtschaften. Auf der anderen Seite engagierte Vertreter der Naturschutzbehörden und begeisterte und natürlich bezahlte Feldbiologen, die Schutzmaßnahmen planen, Verträge aushandeln und die Feldarbeit leisten.

Sobald dieser Aufwand nicht mehr betrieben würde, wären die Wiesenbrüter verschwunden. Ist das überall in Deutschland so, wo das Trillern der Brachvögel Biologenherzen höherschlagen lässt? Fast überall.

Anfang der 1980er Jahre wurde der neue Flughafen München im Erdinger Moos gebaut. Hier waren die Wiesen noch feucht und die Grundstückspreise niedrig. Als jugendlicher Naturschützer war ich natürlich dagegen, wie gegen alles, was offensichtlich – oder scheinbar – dem Fortbestand seltener Tiere und Pflanzen in die Quere kam. Mit den Eltern machte ich einen Ausflug ins künftige Flughafengebiet. Vom Wagen aus sahen wir viel Mais, gedüngte Wiesen, ein paar kleine Bauernhöfe. Tatsächlich erspähten wir mit dem Fernglas einen Brachvogel, und meine Mutter entdeckte einen Wiedehopf. Später, als Zivildienstleistender beim Landesbund für Vogelschutz, protestierte ich im Kreise von Zivi-Kollegen und Vogelschutzmitgliedern gegen den Flughafenbau. Unser Hauptargument bei Diskussionen mit Flughafenbefürwortern waren die letzten beiden Brutpaare des Großen Brachvogels, die zu dieser Zeit auf dem betroffenen Gelände lebten. Es war der letzte Rest der einst Hunderte Paare umfassenden Brachvogelpopulation im Erdinger Moos und seiner Umgebung, zu der auch die Brachvögel zählten, die einst im Isental brüteten. Diese Zeit war freilich schon lange vorbei.

Seltene Wiesenvögel sind als Argument nicht stichhaltig genug, um das Entstehen eines solch gewaltigen

Motors für den Wirtschaftsstandort aufzuhalten. So kam der Flughafen, und mittlerweile bin ich wohl hundert Mal von dort aus zu Drehreisen aufgebrochen, meist nach Norden in Richtung Skandinavien. Aber ich bin nicht immer nur dorthin gefahren, um zu verreisen oder um Gäste abzuholen. Ein paarmal sind wir wegen der reichen Tierwelt ins ehemalige Erdinger Moos gefahren, genauer, wegen der vielen Brachvögel.

Ihre Population war bei Baubeginn dabei zu erlöschen, denn längst war das Erdinger Moos nicht mehr durch magere Niedermoorwiesen, Torfstiche und Moorwäldchen geprägt, sondern durch intensiven Ackerbau und ebenso intensive Grünlandwirtschaft. Noch ein paar Jahre und die Art wäre in der Region mit Sicherheit ausgestorben. Dann kam der Flughafen, und die Brachvogelpopulation nahm einen einmaligen Aufschwung. Heute, gut 25 Jahre nach Eröffnung des Luftfahrtdrehkreuzes, brüten um die hundert Brachvogelpaare auf den Flughafenflächen. Das sind ein Fünftel des bayerischen Gesamtbestandes und immerhin zwei bis drei Prozent der bundesdeutschen Population. Weil auf den Wiesen um den Tower auch Hunderte Feldlerchen, zahlreiche Kiebitze, dazu Rebhühner, Grauammern und viele andere seltene Vogelarten leben, wurde das 4525 Hektar große Gebiet im Jahr 2008 als europäisches Vogelschutzgebiet »Nördliches Erdinger Moos« ausgewiesen. Sogar der stark gefährdete Wachtelkönig brütet hier.

Und die Flugzeuge? Stellen die nicht eine Gefahr für

die Brachvögel dar und umgekehrt die Brachvögel ein Sicherheitsrisiko für startende oder landende Flieger? Weder noch, sagen die Naturschutzbeauftragte und der Vogelschlagexperte der Flughafengesellschaft. Die Bodenbrüter sind nicht sehr flugfreudig und laufen die meiste Zeit nach Nahrung stochernd durch die Wiesen. Und tatsächlich: Hinter meinem langen Teleobjektiv stehend konnte ich beobachten, wie die Brachvogelmama, die mit ihren Küken wenige Meter neben der Landebahn entlangspazierte, auf einen einschwebenden Airbus reagierte: Sie stand wie angewurzelt da, wurde durchgeschüttelt und stakste kurz darauf unbeeindruckt weiter, während sich der infernalische Lärm der Turbinen langsam entfernte. Entgegen der landläufigen Meinung sind seltene Tierarten nämlich oft gar nicht besonders empfindlich gegenüber Lärm oder Eindringlingen in ihrem Revier. Besser gesagt: Die meisten Tiere gewöhnen sich an regelmäßige Störungen, sobald sie merken, dass davon keine unmittelbare Gefahr für sie ausgeht.

Bei der Anlage des Flughafengeländes ging es den Betreibern natürlich nicht um die Schaffung von Lebensräumen. Ganz im Gegenteil! Weil von Gänsen und anderen großen und schweren Vögeln genauso wie von Vogelschwärmen eine Gefahr für die Flugsicherheit ausgeht, wurde versucht, das Gelände »vogelfeindlich« zu gestalten. Die Wiesen innerhalb des Flughafenzauns wurden als »Langgraswiesen« angelegt, das heißt, sie werden nur zweimal im Jahr gemäht. Schwarmvögel landen nicht

gerne in hohem Gras, und Bussarde und andere Greif-
vögel gehen hier nur ungern auf Jagd. Zudem leben auf
und in den mageren Böden nur wenige Kleinsäuger, die
wiederum Eulen und Bussarde anlocken würden. Ganz
anders Feldlerche, Brachvogel und andere Wiesenbrüter:
Sie lieben eine solche Vegetation! Das hohe Gras schützt
die Küken, wächst aber ausreichend lückenhaft, damit
die Küken darin umherspazieren und Jagd auf die vielen Heuschrecken und andere Insekten machen können,
die in der Magerwiese leben. So wie einst in den Niedermoorwiesen im Erdinger Moos, als es noch keinen
Mineraldünger gab und die Bauern für die Heuernte
den ersten Schnitt nicht vor Mitte Juni machen konnten.

Fährt man heute vorbei an diesen Wiesen, außerhalb
des Flughafen-Vogelschutzgebietes, bietet sich ein anderes Bild. Die Wiesen glänzen saftig dunkelgrün, sind
arm an Pflanzenarten, bestehen teilweise aus kaum
mehr als einer Grassorte und werden oft schon Ende
April zum ersten Mal gemäht. Aus ihnen ruft keine Feldlerche, kein Brachvogel, keine Heuschrecke und auch
keine Zikade. Wer die stimmfreudigen Wiesenvögel im
Landkreis Erding sehen will, fährt am besten auf die
Besucherparkplätze am Flughafen und späht durch den
Zaun. Mit ein bisschen Fantasie kann man die schier
endlosen Betonflächen, die gewaltigen Gebäude aus
Stahl und Glas und die monströsen Flugmaschinen aus-
blenden und sich ganz auf die bunten Wiesen und ihre
Bewohner konzentrieren.

Allerdings sind solche Blühwiesen vom Reißbrett nicht das Gleiche wie das, was wir gerade landauf, landab verlieren. Die Zusammensetzung der Wiesenpflanzen ist künstlich. Und eines der wichtigsten Kennzeichen der Wiesenvögel und -insekten kommt hier nicht zur Geltung: ihr Gesang. Ihren Zweck mögen die unterschiedlichen Melodien nach wie vor erfüllen und Partner für die Vermehrung zusammenbringen. Aber das Heulen und Dröhnen der startenden und landenden Maschinen erstickt das Konzert in der Wiese, zumindest für unsere Ohren, die wir am Rand stehen und schauen und lauschen. Deswegen hat ein Ausflug ins »Europäische Vogelschutzgebiet Nördliches Erdinger Moos« auch etwas Trauriges und ist nicht zu vergleichen mit einem Besuch in einem Gebiet, in dem sich die Pflege der Wiesen über Jahrhunderte nicht geändert und wo sich über lange Zeiträume eine komplexe Artengemeinschaft herausgebildet und bis heute erhalten hat. Großflächige Wiesenbrütergebiete dieser Art gibt es noch im Osten Europas und im Norden, wo die Landwirtschaft noch nicht im 21. Jahrhundert angekommen ist oder wo das Land so karg und das Klima so harsch ist, dass eine intensive Bewirtschaftung sich verbietet.

Der Strukturwandel in der Landwirtschaft Mitteleuropas, der Mitte des letzten Jahrhunderts einsetzte, ließ nicht nur die Bestände von Kiebitz und Brachvogel dahinschmelzen. Vor dem technologischen Umbruch

war die Uferschnepfe ein Charaktervogel für Feucht-
wiesengebiete. Allein am unteren Niederrhein brüteten
über 500 Paare. Heute, ein Menschenleben später, ist
der dortige Bestand auf ein Zehntel zurückgegangen. In
Deutschland gab es zum Jahrtausendwechsel noch rund
6500 Brutpaare der Uferschnepfe, ähnlich viele, oder
besser gesagt: ähnlich wenige wie bei der Bekassine.

Die Bekassine ist einer der merkwürdigsten Solisten
im Chor der Feuchtwiesenbewohner. Vor hundert Jahren war sie in der extensiven, kleinbäuerlichen Landschaft noch allgemein weitverbreitet und ein akustisches
Aushängeschild von Wiesengebieten in Flussniederun-
gen und Moorlandschaften. Ihre Stimme, ein rhythmisches, zweisilbiges Zwitschern, das sie vernehmen lässt,
wenn sie im Gras oder auf einem Weidepfosten sitzt,
ist nicht das auffälligste Geräusch, das der kleine, gut
getarnte Vogel von sich gibt. Bei der Flugbalz steigt die
Bekassine etwa 50 Meter auf und lässt sich anschließend
fallen. Dabei spreizt sie die äußersten Steuerfedern an
den Flügeln ab. Der Luftstrom um den immer schneller herabsinkenden Vogel bringt diese Spezialfederchen
zum Vibrieren, und so entsteht ein anschwellendes
»Meckern«, was der Bekassine den Spitznamen »Him-
melsziege« eingetragen hat. Dieses markante, wum-
mernde Geräusch ist auch für das menschliche Ohr
weithin hörbar, und es hebt sich von den anderen Vogelstimmen in der Feuchtwiese ab.

Auf Drehreisen nach Nordeuropa oder Island habe

ich die Bekassine schon oft gefilmt und versucht, ihren rasanten Sturzflug samt Gemecker aufzunehmen. Aber auch daheim, im Isental, begegnet mir die Bekassine. Auf dem Vogelzug machen nämlich regelmäßig zwei oder drei der hübschen Schnepfenvögel Rast in den Feuchtflächen um unser Haus, stochern im schlammigen Ufer des Weihers herum oder dösen zwischen Seggen und Schilf. In manchen Jahren haben wir die Bekassinen über mehrere Wochen zu Gast; offensichtlich gefällt es ihnen hier, oder vielmehr: Sie finden genügend zu fressen. Gut getarnt, wie sie sind, entdecke ich sie auf meinen Hundespaziergängen nur selten, bevor sie unter rätschenden Protestlauten auffliegen.

Da mir die Bekassinen im Winterhalbjahr viel Freude machen, wollte ich ihren Lebensraum bei uns verbessern. Vor einigen Jahren konnten wir einen Hektar Wiese dazukaufen, angrenzend an unseren Grund und nur einen Steinwurf weit weg von meiner »heiligen Wiese« mit den Wiesenknopf-Ameisenbläulingen. Unsere Idee war es, auch die neue Wiese mit der Zeit wieder zu einer artenreichen Heuwiese zu machen, auf der Wiesenknopf, Bläuling und möglichst viele andere Arten ein Zuhause finden. Durch häufiges Mähen und Düngen mit Gülle waren die meisten Wiesenblumen von dieser Fläche verschwunden. Also beschlossen meine Frau und ich, diese Wiese »ökologisch aufzuwerten«.

Traditionell stecken wir einen Großteil der Preisgelder, die wir auf Naturfilmfestivals gewinnen, in Naturschutzmaßnahmen bei uns vor Ort oder spenden für entsprechende Projekte, etwa an die Zoologische Gesellschaft für Arten- und Populationsschutz. In dem Jahr, als wir die neue Wiese erwerben konnten, hatte mir die Heinz Sielmann Stiftung den Biodiversitäts-Preis verliehen, der mit 10 000 Euro dotiert war. Zudem stellte der Bayerische Naturschutzfonds finanzielle Unterstützung in Aussicht, so dass wir drei spannende Maßnahmen auf der neu erworbenen Fläche durchführen konnten: Ein Grenzgraben wurde auf unserer Seite flach ausgezogen und mit Feuchtwiesenkräutern und Hochstauden eingesät. Ein vor Jahren verfüllter Quellgraben wurde wieder freigelegt und mitten in der Wiese, die jetzt gar nicht mehr gedüngt wurde, ein Quelltümpel gegraben. Und das Wichtigste für die Bekassinen: Ein kleiner und verlandeter Entwässerungsgraben, der durch den feuchtesten Teil der Wiese führte, wurde auf beiden Seiten flach ausgezogen und etwas eingetieft, sodass eine sogenannte Wiesenseige von etwa 40 mal 10 Metern entstand. Dabei wurde die Grasnarbe zuerst abgezogen und beiseitegelegt. Nachdem anschließend mehrere Lastwagen voller Mutterboden abtransportiert worden waren, konnte die Grasnarbe, in der auch viele feuchtigkeitsliebende Kräuter wurzelten, in der entstandenen Geländemulde wieder ausgerollt werden. Am Schluss wurde der Abfluss etwas höher gelegt, um die Wassertiefe zu vergrößern.

Nach Abschluss der Baggerarbeiten sah alles fast so aus wie vorher. Nur hatte die Wiese jetzt eine langgestreckte, tiefe Delle. Nach ausgiebigen Regenfällen steht in der Senke für ein paar Wochen das Wasser. Danach fällt die Seige wieder trocken. Deswegen können sich hier keine Fische, Libellen, Wasserkäfer oder andere Räuber ansiedeln, die einen gleichbleibenden Wasserstand brauchen. Dafür umso mehr kleine Krebschen, denen eine Lebensspanne von ein paar Wochen genügt, um sich zu vermehren. In dieser kurzen Zeit bilden sie Dauereier, die im trockenen Boden lange Zeit darauf warten können, dass es wieder regnet. Sobald die Seige wieder voll Wasser steht, beginnt der Zyklus von Neuem. Und wenn es dann in dem Flachgewässer von Krebsen und Würmern nur so wimmelt, können sich die Bekassinen am vielzitierten »gedeckten Tisch« niederlassen. So war der Plan, und so ist es auch gekommen.

Wenn ich mit Dogge Simba Richtung Wiesenseige schleiche, dann scanne ich schon vom Weitem die Fläche mit dem Fernglas. Bis in den Frühling hinein sitzen da »meine« Bekassinen und stochern so schnell im flachen Wasser herum, dass ich mich immer wieder wundern muss, wie sie es überhaupt schaffen, auf diese Art und Weise etwas zu fangen. Bevor die Brutzeit kommt, sind die Himmelsziegen wieder weg, leider. Das Meckern der Bekassinen werde ich also wohl auch künftig nur auf Drehreisen hören dürfen. Als Brutgebiet ist unsere Feuchtwiesen-Insel in der Agrarlandschaft einfach zu klein.

Auf ihren Wanderungen quer durch Europa begegnen den kleinen Schnepfenvögeln ernste Gefahren. Alleine in der Europäischen Union werden Jahr für Jahr etwa eine halbe Million Bekassinen geschossen, ein Großteil davon während der Zug- und Überwinterungszeit in Frankreich. Dies dürfte dem Rückgang dieser Art, der vor allem dem Fehlen geeigneter Lebensräume geschuldet ist, weiteren Vorschub leisten.

Es gibt noch eine ganze Reihe anderer Wiesenbrüter. Die hübsche Wiesenschafstelze etwa. Auch sie hat starke Einbußen zu verzeichnen, allerdings scheint sich diese Art allmählich an das Brüten auf Äckern umzustellen, so wie wir es beim Kiebitz beobachten konnten. Die Wiesenschafstelzen-Bestände haben sich auf niedrigem Niveau stabilisiert, und der Bestand in Deutschland liegt irgendwo zwischen 100 000 und 200 000 Brutpaaren. Immerhin!

Die Brutbestände des Braunkehlchens sind in Deutschland und Europa seit Mitte des letzten Jahrhunderts ebenfalls drastisch gesunken. Nach Angaben des Bundesamtes für Naturschutz nahm der Braunkehlchenbestand um die Jahrtausendwende herum um mehr als 60 Prozent ab. In Österreich ist die Situation noch dramatischer: Die Vogelschutzorganisation Bird-Life beklagt, dass der Bestand seit den 1970er Jahren auf ein Fünftel zurückgegangen ist. In der Bundesrepublik gibt es nach dem *Atlas Deutscher Brutvogelarten* noch gut 50 000 Braunkehlchenpaare. Das Männchen und das Weibchen, die fast jedes Jahr im Frühling am Rande meiner Feuchtwiese von den Pfosten der Pferdekoppel aus auf Spinnen und Heuschreckenlarven Jagd machen, gehören wohl nicht dazu. Sie machen nur halt auf dem Weg in ihr Brutgebiet im Norden und erinnern mich daran, wie artenreich das Tal, in dem ich wohne, einst gewesen ist.

Das Verschwinden der extensiv genutzten Wiesen hat nicht nur das Fehlen von Brutbiotopen für Braunkehlchen & Co. zur Folge. Die Vögel werden auch einfach nicht mehr so leicht satt und haben vor allem Mühe, ihre Jungen mit Futter zu versorgen. Viele unserer Vogelarten kommen nur zur Brut hierher nach Mitteleuropa. Der Insektenreichtum in der warmen Jahreshälfte ist der Grund. Aber genau dieser Insektenreichtum steht auf dem Spiel.

Ob unsere Kinder künftig um ihren Wohnort ein vielstimmiges Konzert aus den Wiesen hören können oder ob unsere Landschaften immer mehr verstummen, hängt also von ihrer Bewirtschaftung ab. Dem einzelnen Landwirt sind die Hände mehr oder weniger gebunden. Niemand kann von den Bauern erwarten, dass sie unter ihren Möglichkeiten wirtschaften, ihre oft ohnehin bescheidenen Einkünfte verringern, um Falter und Vögel zu schonen. Natürlich gibt es Spielräume, und viele Landwirte nutzen diese auch.

Auf einer Vortragsveranstaltung des Landesbunds für Vogelschutz (LBV) im vergangenen Winter, in dem es um das Leben in den Bächen in unserer Region ging, kamen neben den »üblichen Verdächtigen«, also naturschutzinteressierten Bürgern, erfreulicherweise auch mehrere konventionell arbeitende Landwirte. In der Diskussion nach dem Vortrag, in der es um den Umgang mit der Landschaft ging, meldete sich ein Bauer und erzählte, dass er keine Lust habe, Anträge zu stellen, und dass er kein Freund sei von Ausgleichszahlungen für irgendwelche Naturschutzmaßnahmen auf seinem Grund. Er berichtete weiter, dass er aber jedes Jahr Lerchenfenster in seinen Feldern anlege, also Bereiche bei der Aussaat ausspare, seitdem er gehört hatte, dass die Feldlerchen solche Fenster im Feld zur Brut nutzen würden. Und, so fuhr er geradezu voller Begeisterung fort, es funktioniere, und er mache dies bereits seit vielen Jahren. Man sah ihm an, wie sehr er sich über »seine« Lerchen freute. Er ist sicher kein Mitglied in einem Naturschutzverein, aber er hat Freude an den Wildtieren, die auf seiner Scholle leben. Es gibt eben, wie überall in der Gesellschaft, solche und solche. Was getan werden muss, damit weniger Lerchenfenster angelegt werden müssen, weil es wieder mehr Wiesen gibt, über denen die Feldlerchen mit ihrem pausenlos trillernden Lied ihr Brutrevier anzeigen, will ich am Schluss des Buches diskutieren. Doch zuvor gibt es noch ein kleines Wunder zu bestaunen.

KAPITEL 7

Das gelbe Wunder

Stickstoff ist ein wichtiges Element, ohne ihn gäbe es keine Aminosäuren und keine Erbinformation – und kein Leben. Stickstoff ist Grundfutter für alle Pflanzen, ohne ihn können sie nicht wachsen. Unsere Atemluft besteht zwar zu fast 80 Prozent aus Stickstoff. Hier liegt er allerdings nicht in Verbindung mit anderen Elementen vor, sondern in Form von reinen Stickstoffmolekülen. In dieser molekularen Form können Pflanzen mit dem Lebenselixier wenig anfangen. Erst wenn Bakterien die Stickstoffmoleküle umgebaut haben oder wenn der Stickstoff als Abbauprodukt in Form von bestimmten Verbindungen wie Nitrat oder Ammonium vorliegt, kann die Pflanzenwelt zuschlagen.

Von Natur aus sind Nährstoffe Mangelware. Und so haben sich die Pflanzen im Laufe der Evolution viel einfallen lassen, um an ihre Grundnährstoffe zu gelangen. Berühmte Beispiele sind die fleischfressenden Pflanzen, die in extrem nährstoffarmen Regionen leben, Mooren etwa, und ihren Stickstoffbedarf dadurch decken, dass sie Insekten anlocken, fangen und anschließend verdauen.

Um die Erträge zu steigern, haben die Menschen schon vor Jahrhunderten angefangen, ihre Wiesen zu düngen. Sie karrten den Mist aus den Ställen auf das Grünland – ein mühsames Geschäft. Oder sie nutzten die Kraft des Wassers. Die Wässerwirtschaft, bei der die Wiesen durch gezieltes Überfluten mit Nährstoffen versorgt werden, wollen wir uns am Schluss des Buches noch einmal genauer ansehen.

Im vorletzten Jahrhundert hielt der erste Hochleistungsdünger in der Landwirtschaft Einzug: Guano, der vor allem in Südamerika abgebaut wurde. Guano ist nichts anderes als abgelagerter Vogelkot, der Salze der Salpeter- und Phosphorsäure enthält. Anfang des letzten Jahrhunderts entwickelten die deutschen Chemiker Fritz Haber und Carl Bosch dann ein Verfahren zur künstlichen Herstellung von Ammoniak, die Grundlage für die Herstellung von »Kunstdünger«. Im Jahr 1913 begann im BASF-Werk in Oppau die kommerzielle Herstellung von Ammoniak. Haupteinsatzgebiet von synthetischen Düngemitteln war und ist vor allem der Ackerbau. Dank dem Kunstdünger konnte jetzt aber auch mageres und »wertloses« Grünland entweder aufgewertet oder umgebrochen und in produktive Ackerflächen verwandelt werden.

Zur Verbesserung der Erträge hat im letzten Jahrhundert noch eine andere Entwicklung geführt: die Gülletechnik. Sie hat wiederum mit der Einführung des Spaltenbodens im Stall zu tun, unter dem sich Kot und Urin des Viehs sammeln. Das macht das Einstreuen des Stalls weitgehend überflüssig und erleichtert die Abfuhr der Exkremente. Gülle enthält Stickstoff, Kalium, Phosphor und Magnesium und ist ein vollwertiger Pflanzendünger. Nach Angaben des Statistischen Bundesamtes werden in Deutschland zurzeit knapp 27 Millionen Schweine und gut zwölf Millionen Rinder gehalten. Sie produzieren jährlich 200 Millionen Tonnen Gülle, die auf die Äcker und das Grünland gefahren werden. Kaum eine Wiese bleibt mehr »verschont«.

Dank Gülledüngung kann bis zu sechs Mal im Jahr eiweißreiches Grünfutter geerntet werden, ein wichtiger Baustein in der industriellen Tierhaltung. Das hat allerdings seinen Preis. Aus der Gülle entweicht jede Menge Stickstoff, vor allem in Form von Ammoniak, in die Atmosphäre. Zu diesen Emissionen aus der Landwirtschaft gesellen sich die Stickoxide aus Verbrennungsvorgängen in Verkehr, Industrie und Haushalten. Beide, Ammoniak (NH_3) und Stickoxide (NO_x), sind reaktive, das heißt reaktionsfähige Stickstoffverbindungen, die im Gegensatz zum molekularen Stickstoff in unserer Atemluft eine düngende Wirkung entfalten, und zwar überall da, wo sie hingelangen. Ammoniak und Stickoxide sind Gase, die sich in der Luft verteilen und mit dem Wind übers Land geweht werden. Irgendwo, spätestens mit dem nächsten Regen, gehen sie dann nieder. Bundesweit landen so auf jedem einzelnen Hektar jährlich zwischen zehn und 50 Kilogramm Stickstoffverbindungen, mancherorts noch mehr. Düngende Stoffe, die aus nicht natürlichen Quellen stammen.

Alle Pflanzen, die im Freien wachsen, werden also seit ein paar Jahrzehnten zusätzlich und ziemlich üppig mit Stickstoff versorgt. *Alle!* Klingt erstmal so, als wäre das ein Segen fürs Grünzeug, quasi eine unvorhergesehene Leckerli-Gabe. Aber dem ist ganz und gar nicht so. Konkurrenzschwache Gräser und Kräuter, die von Natur aus an nährstoffarme Verhältnisse angepasst sind, werden nämlich schnell von Nachbargewächsen überwuchert, die mehr mit dem unerwarteten Nährstoffsegen anfangen können. Es gibt sehr magere Lebensräume, wie Felsgrasfluren oder Hochmoorwiesen, in denen lauter Spezialisten für besonders karge Verhältnisse leben. Arten aus solchen Pflanzengemeinschaften können schnell ins Abseits geraten, wenn zu viel reaktiver Stickstoff in den Boden gerät, in dem sie wurzeln. Und wenn solche Pflanzen geschädigt werden oder aussterben, bringt das immer auch ein Mehrfaches an Insekten und anderen Tieren an den Rand der Existenz.

Es gibt aber auch Pflanzen, die satte Nährstoffgaben lieben und dabei prächtig gedeihen. Dazu zählen auch unsere Kulturpflanzen, die ja viel Stickstoff in einer Saison benötigen, um groß und reif zu werden. Sie sind Zuchtformen, die dafür geschaffen sind, möglichst viele

Nährstoffe aufzunehmen und daraus einen möglichst hohen Ertrag zu liefern. Es gibt aber auch Wildpflanzen, die von Natur aus »gute Esser« sind und sich im Lauf ihrer Entwicklung an nährstoffreiche Lebensräume angepasst haben. Böden, die viel verwertbaren Stickstoff enthalten, findet man beispielsweise in Flussauen, ganz punktuell aber auch überall dort, wo sich das Wild gerne länger und in Gruppen aufhält, etwa um zu schlafen, zu verdauen oder sich vor Feinden zu verstecken. Da die Tiere an solchen Lagerplätzen Kot und Urin abgeben, reichern sich hier Stickstoff und andere Pflanzennährstoffe im Boden an. »Lägerflora« nennen die Botaniker Pflanzengesellschaften, die diese Bedingungen lieben. Es gibt eben Gewächse, die bei großen Nährstoffkonzentrationen besonders gut gedeihen. In prähistorischer Zeit, als ein Dutzend oder mehr mächtige Pflanzenfresser das Land nördlich der Alpen bewohnten – und das mutmaßlich in großer Stückzahl –, dürfte die Lägerflora eine weitaus größere Rolle gespielt haben, ganz einfach, weil es mehr Großwildlagerplätze gab.

Beim Grünland stammt der erhöhte Nährstoffgehalt vom Menschen. Nach der Düngemittelverordnung dürfen auf den landwirtschaftlichen Flächen eines Betriebes durchschnittlich maximal 170 Kilogramm Stickstoffdünger je Hektar ausgebracht werden, ganz gleich ob organisch oder mineralisch. Grünland wird vorwiegend mit Gülle gedüngt. Je nachdem wie diese sich zusammensetzt und von welchen Tierarten sie stammt, enthält sie etwa fünf Kilogramm Stickstoff je Kubikmeter. Bei 170 Kilogramm Jahresdosis bedeutet das 34 Kubikmeter Gülle, die auf einem Hektar Wiese landen. Das sind 34 000 Liter. Nicht selten ist die ausgebrachte Güllemenge deutlich größer.

Nun sind die Mengen vom Gesetzgeber so berechnet, dass im Idealfall und bei »guter fachlicher Praxis« ein Kreislauf entsteht. Landwirte müssen die Nährstoffströme auf ihrem Hof bilanzieren, um nachzuweisen, dass kein Überschuss entsteht, der in die Umwelt abfließt und dort Schäden anrichtet. An dieser Stelle wollen wir die Genauigkeit und Zuverlässigkeit dieser Nährstoffbilanzen nicht anzweifeln. Ein anderer Fakt interessiert uns: Die Zu- und Abfuhr an Nährstoffen auf einer intensiv bewirtschafteten Fettwiese wird auf ein höheres Niveau gehoben. Nun sind die schon mehrmals erwähnten vier, fünf und mitunter sogar sechs Schnitte pro Jahr möglich – und auch nötig, um die zugeführten Nährstoffe in Form von Heu oder Silage wieder von der Fläche zu bekommen. Zehn Tonnen Trockenmasse sind das am Ende je Hektar auf solchen Wiesen.

Was bedeutet das für die Wiesenpflanzen? All jene, die an magere Verhältnisse angepasst sind, gehen unter. Die Arten, die große Nährstoffmengen ertragen oder zu nutzen verstehen, werden groß und kräftig. Pflanzen, die schlecht damit zurechtkommen, mehrmals im Jahr abgesäbelt zu werden, werden verdrängt. Jene, denen das nichts ausmacht, bleiben. Der Löwenzahn gehört dazu. Er kann sich im Intensiv-Grünland mit seinen vielen Schnittfolgen behaupten. Kaum eine andere Pflanze schafft es, in so kurzer Zeit Blüten zu bilden und reife Samen hervorzubringen wie er.

Weil er in besonders fetten Wiesen oft als Einziger blüht, gilt der Löwenzahn Naturfreunden als Symbol für eine artenarme, industriell bewirtschaftete Landschaft. Wo er dichte Bestände bildet, verwandelt der Löwenzahn die Frühlingswiesen in ein Meer aus orangegelben Blüten. Aus den oben genannten Gründen gibt es in solchen Wiesen nicht viele andere Farben. Und weder Heuschrecken noch Schmetterlinge. Und schon gar keine bodenbrütenden Wiesenvögel. Dennoch: Der Löwenzahn mag ein Symbol für fette Industriewiesen sein. Aber er ist eines der erstaunlichsten Gewächse in der heimischen Flora und lohnt daher einen genaueren Blick.

Der lateinische Gattungsname des Löwenzahns, »Taraxacum«, leitet sich aus dem Griechischen ab. »Taraxis« bedeutet so viel wie »Entzündung des Auges« und »akeomai« steht für »ich heile«, was auf die Verwendung der Pflanze als Arznei hindeutet. Die Artbezeichnung »officinalis« lässt ebenfalls darauf schließen, dass es sich um eine alte Heilpflanze handelt, denn das Wort bedeutet so viel wie: »für medizinische Zwecke geeignet«. Auch der im deutschen Sprachraum bekannte Volksname »Augenwurz« rührt daher, dass der Löwenzahn früher bei Augenleiden eingesetzt wurde. Den geläufigen Namen »Löwenzahn« erhielt die Pflanze aufgrund ihrer gezähnten

Blätter, die angeblich an die Zähne eines Löwen erinnern. Dieser Vergleich kehrt auch in anderen Sprachen wieder, in denen sich der Name der Pflanze häufig auf die gezahnte Blattform bezieht. Im Deutschen kennen wir außerdem jede Menge meist regional verwendete und sehr fantasievolle Bezeichnungen: Augenmilch, Augenwurz, Bärenzahnkraut, Bettpisser, Blindblume, Butterstecker, Eierkraut, Franzosensalat, Hahnenspeck, Hundeblume, Kettenblume, Kuhblume, Kuhlattich, Kuhscheiß, Laternenblume, Märzblume, Melkdistel, Milchdistel, Milchstöck, Pappenstiel, Pfaffenkopf, Pferdeblum, Röhrlkraut, Schäfchenblume, Schweineblume, Saurüssel, Sonnenwurzel, Teufelsblume, Wiesenlattich, und so weiter. 500 verschiedene deutsche Volksnamen sollen Sprachforscher zusammengetragen haben. Der Name »Bettpisser« zum Beispiel weist auf die harntreibende Eigenschaft des Löwenzahns hin; »Hahnenspeck« darauf, dass die Blätter gerne von Hühnern gefressen werden; »Schäfchenblume« heißt er nach dem »wolligen« Fruchtstand, und die »Pferdeblum« wurde als Arznei für Pferde verwendet. Vom Verzehr großer Mengen bekommen die Kühe im Stall »Kuhscheiß«. »Franzosensalat« steht im Zusammenhang mit der von Februar 1871 an in der Schweiz internierten französischen Armee, deren Soldaten den von den Schweizern offenbar verachteten Löwenzahn als Salat zu würdigen wussten.

Von Natur aus ist der Franzosensalat bis nach Asien verbreitet. Er kommt darüber hinaus in Neuseeland,

Australien, Süd- und Nordamerika und in Afrika vor. Er hat im Schlepptau des Menschen mittlerweile fast die gesamte Weltkugel erobert. Bei uns ist er heute ein derart häufiges Wildkraut auf Wiesen, Feldern, an Straßen- und Wegrändern sowie in Gärten, dass die meisten von uns ihn als Unkraut ansehen. Dass er wegen seiner bis zu zwei Meter langen Wurzel schwer zu entfernen ist, erhöht nicht gerade seine Beliebtheit bei Gartenbesitzern.

Eigentlich gibt es aber *den* Löwenzahn gar nicht. Es handelt sich vielmehr um einen ganzen Artenschwarm, der sich hinter der bei uns heimischen Art »Gewöhnlicher Löwenzahn« verbirgt. Die *Flora Europaea*, ein englischsprachiges Verzeichnis der europäischen Pflanzen, listet für Europa über 200 sogenannte Kleinarten auf. Manche Botaniker vermuten, dass längst nicht alle gefunden worden sind. Die Gattung *Taraxacum* teilt sich unser Löwenzahn einstweilen mit 3000 weiteren Arten, die bislang weltweit beschrieben worden sind. Alles in allem eine komplizierte und schwer zu durchschauende Pflanzengruppe und sicher keine, die sich dem Botanikenthusiasten als Einsteigergruppe anbietet. Umso erstaunter war ich, als wir auf einem Familienausflug nach Kroatien auf einen waschechten Löwenzahn-Freak trafen, für den es nichts Schöneres zu geben schien, als »Bettpisser« zu suchen.

Kroatien ist ein häufiges Reiseziel unserer Familie. Im Isental am Abend gestartet, sind wir am Meer, bevor die Kinder aufwachen. Istrien und die Dalmatinischen Inseln bieten allen Familienmitgliedern etwas. Nicht nur Sonne und blaues Wasser, sondern vor allem viel Natur. Im karstigen Hinterland sind bis heute viele kleinräumige Landschaftsmosaike erhalten geblieben. Lesesteinmauern, Hecken, Gebüsche, Niederwälder und jede Menge kleine Heuwiesen und Weiden wechseln sich ab. Die beste Voraussetzung für eine vielfältige Tier- und Pflanzenwelt. Paradiese für Reptilien, Singvögel, Schmetterlinge und Orchideen. Und für mich.

Die Fauna des nördlichen Mittelmeerraums weist Elemente der mitteleuropäischen Tierwelt auf, und so fand ich dort schon zahlreiche Schätze, die hierzulande extrem selten sind und die ich noch nie zuvor lebend gesehen hatte. Den Puppenräuber etwa, ein großer, kletterfreudiger Laufkäfer, der auf metallisch grüngoldenem Grund in den Farben des Regenbogens schillert. Auch den riesigen Eichenheldbock, den Blutbockkäfer mit seiner auffälligen roten Farbe oder den Schmetterlingshaft, einen Netzflügler, der mit seinen beim Sonnenbaden seitlich abgespreizten Flügeln fast an eine Fee aus einem Märchen erinnert, sah ich auf Exkursionen in Kroatien zum ersten Mal.

Auf einer solchen Reise, vor etwa zehn Jahren, standen mal wieder mehr Stopps im Hinterland als an historischen Stätten auf dem Programm. Wir kannten versteckte Wiesen voller Blumen und Schmetterlinge, in denen sich Gottesanbeterinnen tummelten und vieles andere und die sich für ein Picknick mit kleinen Kindern anboten. Einer unserer Lieblingsplätze lag an einem Karsttümpel. Dort gab es besonders viele Tiere zu beobachten, und die Kinder konnten am Ufer im flachen, warmen Wasser spielen und Kaulquappen fangen. Als wir eines schönen Urlaubstages eben dieses Gewässer ansteuerten, sahen wir bei der Ankunft, dass dort bereits ein Auto mit deutschem Kennzeichen stand. Vor dem Tümpel eine Picknickdecke mit einer Mutter und spielenden Kindern. Und ein Mann, der in gebückter Haltung durch die mediterrane Feuchtwiese schlich. Das gleiche Bild hätten auch wir abgeben können! Wer mochte das sein?

Nachdem wir uns am Gewässerufer, das genügend Platz für zwei sonderbare Familien bot, eingerichtet hatten, schulterte ich den Fotoapparat und stapfte in Richtung des Mannes, der ganz offensichtlich nach etwas suchte. Wir stellten uns kurz vor, und dann erzählte mir Dr. Ingo Uhlemann von der Universität Dresden, dass er auf der Suche sei nach Löwenzahn: »Diese schwierige Gruppe ist nur unzureichend erforscht, und es warten noch viele Arten auf ihre wissenschaftliche Entdeckung, gerade hier im Karst Dalmatiens.« Ich war begeistert, jemanden zu treffen, der ein so spezielles und einzigartiges Wissen hat über eine Lebensform, die für mich vor allem Bedeutung besaß als Grünfutter für exotische Nagetierarten, die einst in meiner Studentenbude lebten. Wie ich später erfuhr, hatte der freundliche Familienvater bereits zwei

Dutzend Löwenzahnarten entdeckt und in botanischen Fachmagazinen erstmals beschrieben. Er war die führende Koryphäe auf dem Gebiet der »Taraxacologie«, der Wissenschaft vom Löwenzahn!

Warum es derart viele Arten von Löwenzahn gibt, dass noch nicht einmal alle Arten in Deutschland erfasst sind, geschweige denn hier im Süden, wollte ich von ihm wissen. Darauf hatte Uhlemann eine einfache Antwort: Der Löwenzahn vermehrt sich in den meisten Fällen nicht durch sexuelle Fortpflanzung, also durch die Übertragung von männlichem Pollen auf einen weiblichen Stempel. Die süß duftenden, gelben Blütenkörbchen spielen bei der Vermehrung für den Löwenzahn oft gar keine Rolle. Er bildet keimfähige Samen ganz ohne Befruchtung. Dabei entwickeln sich Eizellen ohne Spermien zu Embryos, die dann zu Pflanzen heranwachsen, die eine Art genetische Kopie darstellen. Sie sind Klone der Mutterpflanze. Das bedeutet, dass jede kleine Änderung im Erbgut erhalten und bei der Samenbildung vervielfältigt wird. Dadurch entstehen im Laufe der Zeit Hunderte sogenannter Kleinarten: So leben in einem Tal vielleicht lauter Löwenzähne mit ganz bestimmten Merkmalen, die sich von jenen im Nachbartal unterscheiden. Fünfzig verschiedene Löwenzahnarten hat der Botaniker Uhlemann schon nebeneinander gefunden.

Löwenzahnforscher und Tierfilmer verabschiedeten sich kurz darauf, und schon bald saß ich mit meiner Familie im Auto, und wir fuhren zurück in unseren Ferienort. Abends, im Restaurant am Meer, stand hinter meinem Teller voller Kalamari mit Mangold-Kartoffeln eine Limonadenflasche mit einer stilisierten Blume auf dem Etikett. Da kam mir die Frage in den Sinn, warum der Löwenzahn überhaupt so üppig blüht, wenn ihm doch die Dienste der Insekten weitgehend »schnuppe sind«, weil er sich ohne ihre Hilfe vermehrt? Die überraschende Antwort fand ich erst viel später.

Die Taraxacologie scheint überhaupt ein weites Feld für spannende Fragen und faszinierende Antworten zu sein. So stellte der Schweizer Forst-Professor Fritz Schweingruber vom Eidgenössischen Institut für Schnee- und Lawinenforschung in Davos fest, dass nicht nur Bäume, sondern auch Zwergsträucher und Krautpflanzen Jahresringe ausbilden. Bei Pflanzen mit einer Pfahlwurzel, wie beim Löwenzahn, finden sich die Jahresringe am Wurzelkragen – dort, wo die Wurzel in die Blattrosette übergeht. Bedeutet das, dass hier eine exakte Altersbestimmung möglich ist? Bei den Untersuchungen des Forschers wurde nicht nur klar, dass dies durchaus klappt. Schweingruber zeigte auch, dass Pflanzen mit zunehmender Höhenlage älter werden. So kann eine Löwenzahnpflanze, die in Zürich nur drei Jahre alt wird, am Gornergrat in 3000 Metern Meereshöhe 15-mal im Frühling Blüten treiben, bevor sie stirbt.

Der Blütenstand des Löwenzahns besteht aus 200 bis 300 gelben Zungenblüten, die sich nach und nach von außen nach innen öffnen. Während der mehrtägigen

Blühdauer schließt sich der Blütenstand jede Nacht. Dasselbe tut er am Tag, wenn Gefahr droht, zum Beispiel durch Regen oder große Trockenheit. So bleibt die wohlriechende Blume als Insektenweide möglichst unbeschadet. 100 000 Löwenzahnblüten müssen die Sammlerinnen der Honigbiene besuchen, um ein Kilogramm sehr aromatischen, goldgelben Honigs zu erzeugen. Wo er massenhaft vorkommt, kann der Bettpisser eine ungewöhnlich gute Ernte ermöglichen.

Nach dem Abblühen schließt sich die Blüte zum vorläufig letzten Mal. Ein paar Tage später gehen die Hüllblätter erneut auf, und die eingetrockneten Hüllen der Zungenblüten fallen ab. Die wundersame Verwandlung in die allbekannte Pusteblume ist vollzogen. Ein wahres Wunder: von einer nektarführenden Blume zu einer Kugel aus Flugsamen in weniger als einer Woche! Das schaffen nur wenige andere Pflanzen in der Wiese.

Ausgerüstet mit kleinen Schirmchen können die Samen, je nach Windstärke, Entfernungen von mehreren Kilometern zurücklegen. Die Löwenzahnpflänzchen, die aus ihnen wachsen, haben so viel Kraft, dass sie sich sogar den Weg durch eine Asphaltdecke bahnen können. So wurde der Löwenzahn auch zu einem Symbol für das Überleben in der Zivilisation. Gleichzeitig bleibt er aber Sinnbild für industriell bewirtschaftete, verarmte Wiesen. Andererseits sieht man auch extensiv bewirtschaftete, zweischürige, das heißt zweimal im Jahr gemähte Wiesen, in denen Feldlerchen brüten und sommers Heuschrecken zirpen, die ganz gelb sind vor lauter Löwenzahn. Ist das nicht ein Widerspruch?

Löwenzahn gedeiht auf den unterschiedlichsten Böden und verträgt praktisch alle Grade der Nährstoffverfügbarkeit. Löwenzahnpflanzen, die auf extensiv genutzten Wiesen wachsen, haben einfach kleinere, dicht am Boden aufliegende Blätter und kurze Blütenstängel, die nur wenige Zentimeter messen. Aber zur Bildung von flächendeckenden Beständen neigt der Löwenzahn auch hier, und das Gelb seiner Blüten dominiert manchmal auch eher magere Wiesen.

Um das zu erreichen, setzt der Löwenzahn auf einen perfiden Trick. Etwa zwei Drittel der Individuen haben einen dreifachen Chromosomensatz. Diese Pflanzen sind nicht darauf aus, bestäubt zu werden, weil sie ja ohne fremde Hilfe von Bestäuberinsekten Samen bilden können. Aber sie überschwemmen die Wiese mit einem unwiderstehlichen Nektarangebot. Möglicherweise sorgt der Löwenzahn so dafür, dass alle Insekten leicht satt werden und die anderen Blumen in der Wiese nicht oder zumindest weniger gründlich bestäuben. Das vermuten zumindest manche Botaniker. Die Folge ist, dass diese Pflanzen weniger Samen bilden und auf diese Weise nicht so viele Konkurrenten um den begrenzten Platz auf dem Wiesenboden heranwachsen. Der Löwenzahn blüht also nicht, um bestäubt zu werden, sondern um anderen das Wasser abzugraben und sich so Vorteile zu verschaffen. Als ich das zum ersten Mal las, war ich endgültig fasziniert vom *Taraxacum officinale*, der auch auf meinen Wiesen und Wegrändern wächst. Das Wort »Unkraut« kommt mir längst nicht mehr über die Lippen. Dennoch ist der zweifelhafte Ruf des Franzosensalats im Naturschutz nicht völlig unberechtigt.

Auf extensiv bewirtschafteten Wiesen, die nicht zu nährstoffreich sind, erscheinen trotz des »Nektartricks« nämlich auch viele Blüten anderer Kräuter. Hier fehlt dem Löwenzahn sozusagen die Kraft, sich zum Alleinherrscher aufzuschwingen. Anders an fetten Standorten. Die Konkurrenz zu wüchsigen Gräsern, die der Wunderpflanze das Licht zu rauben drohen, lassen die Löwenzahnpflanzen richtig Gas geben. Sie entwickeln in solchen Wiesen lange, schräg aufrecht gehaltene Blätter und halbmeterlange Blütenstängel. Sprich: Wird eine Wiese ordentlich gedüngt, wächst der Löwenzahn höher und breiter und beansprucht mehr Licht als zuvor. Kleinere Pflänzchen und empfindliche Arten, die weniger mit dem plötzlichen Stickstoffschub anfangen können, haben das Nachsehen, bekommen immer weniger Licht und kümmern. Und weil der Löwenzahn in so kurzer Zeit flugfähige Samen bilden kann, ist er selbst dann noch fähig, sich erfolgreich zu vermehren, wenn sein Lebensraum alle paar Wochen gemäht wird. Viele Kräuter der artenreichen, extensiv genutzten Wiesen kommen da nicht mit. Sie verschwinden früher oder später aus der Wiese, bis nur noch die nährstoffliebenden Gräser und der Löwenzahn übrig sind.

Entdeckt man also eine Wiese voller gelber Blütenkörbchen, empfiehlt sich ein zweiter Blick. Sind die
Löwenzahnpflanzen groß und ausladend und die Gräser um sie herum glänzend dunkelgrün, handelt es sich
um Intensivgrünland. Gut für das Milchvieh im Stall,
aber schlecht für die Artenvielfalt in der Wiese. Sind die
Löwenzahnrosetten klein und kompakt, die Grüntöne in
der Wiese vielfältig, mit Oliv- und Beigetönen gemischt,
lugen meist auch zumindest hie und da weitere Knospen
und Blumen hervor: Wiesenschaumkraut, Gundermann,
Ehrenpreis, Lichtnelke, Günsel, Vergissmeinnicht und
andere. Dann steht man in einer extensiv bewirtschafteten Wiese, die wahrscheinlich ein wertvoller Lebensraum für Pflanzen, Vögel, Insekten und viele andere ist.

Ob fette oder magere Verhältnisse, der Löwenzahn
ist heute praktisch in jedem Landstrich zu finden. Das
war nicht immer so! Im Mittelalter galt das heilkräf-
tige Kraut noch als selten. Löwenzahn war gesucht und
kam bei Fieber und Geschwüren zum Einsatz, aber auch
bei Leber- und Gallenleiden. Pfarrer Kneipp, der im
19. Jahrhundert lebte, sah in ihm ein wirksames Mittel
bei »verschleimten Organen« und Hämorrhoiden. Auch
die Volksmedizin kennt die Pflanze von alters her als
Heilkraut, das bei Gicht, Rheuma und vielen Organlei-
den eingesetzt wird. Löwenzahn war im Mittelalter aber
auch für den einen oder anderen Zauber gut: Bei Zahn-
weh hängte man sich Blätter um den Hals. Und dass
der weiße, klebrige Milchsaft des Löwenzahns Warzen

kurieren kann, ist ein Aberglaube, der sich vereinzelt bis heute gehalten hat. Als ich ein Kind war, hatte ich selbst mindestens einmal eine Warze. Und ich erinnere mich genau, dass mir andere Kinder dazu rieten, Löwenzahnmilch auf das Hautgeschwulst zu träufeln. Was ich auch tat – ohne Erfolg.

Fakt ist, dass die Wunderblume viele Stoffe enthält, die unserer Gesundheit förderlich sind: Vierzigmal so viel Vitamin A, achtmal so viel Vitamin C und doppelt so viel Kalium, Magnesium und Phosphor wie im Kopfsalat stecken im Löwenzahn. Dessen Teile sind übrigens alle essbar und keineswegs giftig, wie man mitunter gerüchtehalber hört. Aber in der Pflanze steckt noch mehr!

Wissenschaftler des Max-Planck-Instituts für chemische Ökologie in Jena und der Universität Bern haben sich damit beschäftigt, was der Löwenzahn mit seinen Inhaltsstoffen so alles anstellt, um sich vor dem Angriff von Schädlingen zu schützen. Sie konnten nachweisen, dass eine Substanz aus dem Milchsaft der Pflanze ein wirksames Mittel gegen gefräßige Maikäfer ist. Die verbringen ihre ersten drei Lebensjahre nämlich als Engerlinge in der Erde, wo sie sich von den Wurzeln verschiedener Pflanzen ernähren. Und eine beliebte Nahrung der Maikäferlarven sind Löwenzahnwurzeln. Eine Analyse der Einzelkomponenten des Löwenzahnmilchsafts ergab nun, dass sich eine bestimmte Substanz auf die Entwicklung von Maikäferlarven auswirkt. Es handelt sich dabei um einen Stoff mit dem sperrigen Namen Taraxinsäure-

Beta-D-Glycopyranosyl-Ester. Wurde diese Substanz im Versuch an Maikäferlarven verfüttert, fraßen sie weniger und blieben im Wachstum zurück. Wurzeln von genetisch veränderten Pflanzen, die das Enzym nicht im Milchsaft hatten und deswegen ohne den Abwehrstoff auskommen mussten, wurden dagegen häufiger und stärker von den Engerlingen angefressen. Der Löwenzahn wehrt sich also gegen den Angriff der Engerlinge, wenn auch mit mäßigem Erfolg. Aber immerhin erfolgreich genug, um nicht völlig durch die Käferlarven aufgefressen zu werden. Ließe sich aus dem Löwenzahn am Ende ein biologisches Schädlingsbekämpfungsmittel gegen Käferfraß gewinnen?

Biochemiker der Universität Windsor in Kanada wiederum haben herausgefunden, dass die Inhaltsstoffe des Löwenzahns bei der Therapie von verschiedenen Krebsarten wirksam sein können, indem sie Krebsgewebezellen zum Absterben bringen, gesunde Zellen jedoch verschonen. Und als wenn das alles noch nicht genug wäre, könnte der Löwenzahn in der Zukunft einen kleinen, aber wichtigen Industriezweig revolutionieren. Bereits während des Zweiten Weltkriegs wurde in Deutschland an dem klebrigen Milchsaft des Löwenzahns als Kautschukersatz geforscht. Aber es sollte letztlich Jahrzehnte dauern, bis deutsche Wissenschaftler vor dem Durchbruch standen. Die Aufmerksamkeit der Forschung liegt heute auf dem russischen Löwenzahn *Taraxacum kok-saghyz* und auf dem hochwertigen Latex, der in ihm enthalten ist.

Latex stammt für gewöhnlich von tropischen Bäumen. Ein Team um Christian Schulze Gronover, Projektleiter in der Abteilung Angewandte Genomik des Fraunhofer Institutes für Molekularbiologie und Angewandte Ökologie in Münster, erforscht den russischen Löwenzahn als Rohstoffquelle für Naturkautschuk. Und auch der Löwenzahnexperte Uhlemann vom Karsttümpel aus unserem Istrienurlaub ist an der spannenden Pflanze dran. Mit vielversprechenden Ergebnissen: Die Eigenschaften des Löwenzahnkautschuks sind so gut, dass der Reifenhersteller Continental derzeit erste Produktprototypen testet. Weltweit werden jährlich rund zwölf Millionen Tonnen Naturkautschuk hergestellt, und die fließen zu fast drei Vierteln in die Produktion von Reifen. Deutscher Kautschuk vom heimischen Löwenzahnacker könnte in Zukunft hiesige Betriebe unabhängiger vom Weltmarkt machen und für manchen Landwirt eine blühende Alternative darstellen zum Maisanbau. Uhlemann klopft die russische Wunderpflanze zurzeit auf mögliche Risiken ab. Ob sie etwa eindringen könnte in die heimische Flora, sich mischen würde mit bei uns ansässigen Löwenzähnen, wenn sie einmal ihrer Anbaufläche entfleuchen sollte. Seine Untersuchungen signalisieren bislang grünes Licht.

Neue Wege in der Landwirtschaft sind richtig und wichtig. Regionale Produktion, auch von Latex, hilft Gütertransporte zu reduzieren, die ihrerseits über die ausgestoßenen Stickoxide zur Düngung des Planeten beitragen. Wir haben es bereits mit einer echten Überlastung der Ökosysteme durch reaktive Stickstoffverbindungen zu tun und zwar nicht nur in Deutschland. Der globale Stickstoffkreislauf ist massiv aus den Fugen geraten. Nach Angaben des Umweltbundesamtes wird weltweit etwa viermal mehr Stickstoff in reaktive Form umgewandelt, als für den Planeten Erde nachhaltig verträglich wäre. Die massive Nährstoffversorgung landwirtschaftlicher Flächen, also der halben Fläche Deutschlands beziehungsweise eines Zehntels der Erdoberfläche, wirkt sich massiv aus, nicht nur auf die Agrarflächen selbst. Das gesamte Land, das Grundwasser, die Fließgewässer und das Meer werden bereits messbar in Mitleidenschaft gezogen. Das gegenwärtige Überdüngen schadet der Biodiversität, unserer Gesundheit und verstärkt den Klimawandel.

Was sich im Umgang mit unserem Land (und der Erde) ändern muss, darauf komme ich im nächsten, letzten Kapitel. Ich setze meine Hoffnung in den Erfindergeist der Menschheit. So wie die Entdeckung der künstlichen Herstellung von Ammoniak vor über hundert Jahren die Landwirtschaft revolutionierte und damalige Probleme löste, wird es neue Erfindungen geben, die die Probleme unserer Zeit lösen helfen. Seien es große oder kleine Schritte. Gut möglich, dass wir noch viel vom Löwenzahn hören werden. Und dass meine Familie und ich irgendwann mit Reifen aus Löwenzahnlatex in Richtung Kroatien davonrollen.

KAPITEL 8

Rettet die Wiesen!

Ich kenne Menschen, denen der Verlust der bunten Wiesen in unserer Landschaft samt ihrer Vielfalt an blühenden Pflanzen und an Tieren mit ihren bisher vertrauten Stimmen so sehr zu Herzen geht, dass sie deswegen gelegentlich unter depressiver Verstimmung leiden. Wenn ich mit meiner Dogge Simba vorbeigehe an Feldrainen, die den Namen nicht wert sind, und an Sommerwiesen, in denen keine einzige Heuschrecke zirpt und über denen kein einziger Schmetterling gaukelt, steigt auch in mir Wehmut empor und manchmal ohnmächtige Wut, wenn ich daran denke, wie es sein könnte, wie es einst war, wie es anderswo noch ist.

Laut dem Thünen-Institut, einer Bundesforschungsanstalt, werden pro Jahr in Deutschland rund 200 Millionen Kubikmeter »Wirtschaftsdünger« auf Wiesen und Äcker ausgebracht, was mehr als zehn Badewannen voller Gülle pro Einwohner entspricht. Das Ausmaß der Veränderungen, die unsere Landschaft dadurch erfahren hat und weiter erfährt, übersteigt die Vorstellungskraft. Wer kann sich schon eine Fläche von Millionen von Hektaren vergegenwärtigen, die nicht mehr extensiv bewirtschaftet, sondern mehrmals im Jahr mit übelriechenden Tierexkrementen überschwemmt werden, die Ammoniak und Schwefelwasserstoff freisetzen? Die Insektenmassen zusammengenommen, die auf diesen Flächen lebten, als ich noch ein junger Kerl war und mit einem Käferkescher um die Häuser zog, würden Lastwägen füllen. Auch schwer vorzustellen. Individuendichte, Artenzahlen, Populationen, Lebensraum-Mosaike, relative Häufigkeiten – alles akademische Begriffe, die nicht dazu taugen, dass wir ein Problem plastisch vor Augen haben und sein Ausmaß richtig einschätzen können.

Beim Filmemachen ist das ein alter Hut: Man »kriegt« nur viele Zuschauer, wenn man es schafft, Emotionen zu erzeugen, wenn die Zuschauer mit dem Gezeigten mitfühlen und ein emotionales Interesse am Geschehen entwickeln. Das ist schwierig genug, weil der Zuschauer stets eine verhältnismäßig große Distanz zum Filminhalt hat, der sich zweidimensional vor ihm am Bildschirm oder auf der Leinwand abspielt. Immerhin kann ein Film mit Spezialeffekten wie Zeitlupe und Zeitraffer aufwarten. Er kann die Zuschauerinnen und Zuschauer mitnehmen in Mikrowelten, unter Wasser, in Höhlen, in das Innere von Blumenwiesen. Und er kann das virtuelle

Erleben fantastischer Naturgeschichten durch Naturgeräusche und Musik beflügeln. Nicht mehr, aber auch nicht weniger.

Der Naturschutz hat diese Möglichkeiten nicht. Er will ebenfalls Emotionen wecken, mitreißen, begeistern, traurig machen und den Empfänger seiner Botschaften zu Handlungen bewegen. Aber es bleiben ihm oft nur Worte. Im schlimmsten Fall nur akademische Begriffe. Warnungen und Aufrufe verhallen aber, wenn der Empfänger der Naturschutzbotschaften nicht »ein Herz für die Sache hat«, das heißt innere Zuneigung hegt für Zugvögel, wandernde Amphibien, Schmetterlinge, blühende Wiesen oder anderes. Die Besucher von Infoveranstaltungen der Naturschutzverbände sind in der überwiegenden Mehrzahl ohnehin schon Überzeugte. Jene, an die sich die Botschaften in erster Linie richten, kommen nur vereinzelt. Wenn überhaupt.

Eine emotionale Nähe zur Natur baut der Mensch von ganz alleine auf, wenn er als Kind Tiere und Pflanzen und ihre Lebensräume nicht nur auf dem Bildschirm erlebt, sondern draußen, eben »in natura«. Die meisten Tierfilmer, Zoodirektoren, Biologieprofessoren, Wissenschaftler an Naturkundemuseen und andere, die es bei der Beschäftigung mit der Natur »zu etwas gebracht haben«, blicken auf eine Kindheit zurück, in der sie sich intensiv mit der Natur auseinandergesetzt haben. Eine »Hands on«-Jugend, würde man heute vielleicht sagen. Zur Ausstattung der meisten kleinen Forscher gehörten Fernglas, Pflanzenpresse, Bestimmungsbuch und Schmetterlingsnetz für die Expeditionen in die Umgebung des Elternhauses. Nicht wenige hatten Gurkengläser und Aquarien voller kleiner Pfleglinge im Kinderzimmer stehen. Daneben Kartons und Schachteln mit Steinen, Fossilien, Federn, Gewöllen und anderen Schätzen. Das war auch bei mir nicht anders.

All das ist heute durch Naturschutzgesetze verboten. Man darf keine Kaulquappen aus Pfützen fangen, nicht einfach so Vogelfedern sammeln, und wer heute mit einem Insektenkescher in der Hand herumläuft, kommt sich schnell vor wie ein Krimineller. Es dauert nicht lange, bis ein Passant seine Empörung darüber äußert, dass man in »diesen Zeiten« den bedrohten Insekten nachstellt. Eine durchaus verständliche Gefühlsregung, schließlich erklären uns die Medien, darunter auch meine Filme, wie bedroht all diese Tiere sind. Und nicht jedem ist klar, wie bedeutungsvoll das Funktionieren des Großen und Ganzen ist und wie bedeutungslos das Individuum, zumindest bei Insekten.

Fuhr ich als Kind auf dem Autorücksitz mit meinen Eltern über Land, gab es ein interessantes Ritual. In bestimmten Abständen musste mein Vater die Windschutzscheibe von einer schmierigen Schicht beim Aufprall auf das Glas zermatschter Insekten säubern. An den Tankstellen gab es spezielle Schwämmchen und »Insektenlöser«. Mich erschreckte und faszinierte damals die Vielfalt der Kerbtiere im Kühlergrill. Vor allem Libellen und Schmetterlinge behielten dank großer und teils stabiler Flügel ihre Kenntlichkeit über lange Autobahnfahrten hinweg, sodass man sie bei Pinkelpausen eingehend und mit einer Portion Grausen studieren konnte. Heute entfallen Reinigungsarbeiten und Studien an Kühlergrill und Frontscheibe des Autos weitgehend, so gering ist mittlerweile die Insektendichte. An der besseren Aerodynamik moderner Autos liegt das sicher nicht, zumindest nicht in erster Linie. Denn sobald man in die selten gewordenen Regionen kommt, in denen es in der Luft noch schwirrt und surrt, ist die Scheibe wieder voll.

Nach wie vor sterben Sechsbeiner auf den Windschutzscheiben, und das trotz Rückgang der Insekten. Und immer noch in unvorstellbarer Menge. Auf jedem von einem Auto gefahrenen Kilometer sind es durchschnittlich bestimmt mehrere Dutzend, im Sommer eher wesentlich mehr. Laut Statistischem Bundesamt sind in Deutschland mehr als 60 Millionen Fahrzeuge zugelassen. Die legen auf unseren Straßen jährlich eine Strecke von über 700 Milliarden Kilometer zurück. Die Zahl der dabei erschlagenen Insekten – ob häufig oder streng geschützt – ist schier unermesslich groß. Es müssen Billionen sein! Doch in einem sind sich die Experten einig. Zwar räumen die Autos auf den deutschen Straßen tonnenweise Insekten ab, vernichten seltenste Schmetterlinge, Wildbienen und Käfer genauso wie Myriaden von Mücken und Fliegen. Aber der Hauptgrund für den Rückgang unserer Insekten ist, wie in den vorangegangenen Kapiteln bereits angesprochen, ein anderer.

Etwa die Hälfte der Landesfläche der Bundesrepublik Deutschland wird landwirtschaftlich genutzt. Gut zwei Drittel davon sind Äcker, der Rest ist Grünland. Rechnet man alles zusammen und bedenkt, dass ein kleiner Teil der Betriebe ökologisch wirtschaftet, bleibt immer noch eine riesige Fläche, auf der nicht nur reichlich Dünger, sondern ein- oder mehrmals im Jahr Schädlingsvernichtungsmittel ausgebracht werden. Laut Umweltbundesamt werden auf jeden einzelnen der insgesamt etwa zwölf Millionen Hektar Acker und Dauerkulturen in Deutschland durchschnittlich knapp neun Kilogramm Pflanzenschutzmittel versprüht. Das sind etwa 100 000 Tonnen pro Jahr, etwa zehn olympische Schwimmbecken voll. Die schiere Menge spielt allerdings nur eine untergeordnete Rolle.

Im Oktober 2017 fand an der Akademie für Natur- und Umweltschutz Baden-Württemberg ein Biodiversitätskongress statt, bei dem 170 Wissenschaftler und Naturschützer die Hintergründe des »Insektensterbens« beleuchteten. Nach den Worten des Schmetterlingsexperten Dr. Robert Trusch vom Staatlichen Museum für Naturkunde in Karlsruhe überwiegt die Landwirtschaft alle anderen Faktoren, die für den Rückgang der Insekten in der Fläche verantwortlich sind. Nach seinen Untersuchungen sind es besonders die seit den 1990er Jahren zunehmend eingesetzten Insektizide aus der

Gruppe der Neonikotinoide. Diese Nervengifte werden von den Pflanzen über die Wurzeln aufgenommen und finden sich in allen Bereichen der Pflanze wieder, auch in Pollen und Nektar, also der Nahrung der Insekten.

Besonders problematisch ist nach Meinung des Karlsruher Forschers, dass Neonikotinoide und ihre ebenfalls hochgiftigen Abbauprodukte fast zwanzig Jahre lang im Boden erhalten bleiben und ihre Giftigkeit, verglichen mit dem heute verbotenen DDT, 7000-mal größer ist. Kein Wunder, dass selbst in manchen Naturschutzgebieten, sofern sie von konventioneller Landwirtschaft umgeben sind, die Insekten weniger werden und damit all jene Tierarten, die von den Insekten leben. Immerhin: 2018 wurde der Einsatz von drei besonders gefährlichen (und im Sinne der modernen Landwirtschaft wirksamen) Neonikotinoiden im Freiland EU-weit verboten: Imidacloprid, Clothianidin und Thiamethoxam. Allerdings gibt es noch mehr Mittel aus dieser Wirkstoffgruppe, zudem war die Pflanzenschutzindustrie nicht untätig und hat schon vor dem Verbot an Ersatzstoffen gearbeitet. Man kann getrost davon ausgehen, dass es die Chemie- und Agrarkonzerne Bayer und Syngenta nicht ganz unvorbereitet traf. Andere Neonikotinoide, wie etwa Thiacloprid, bleiben bis heute in Anwendung. Und das trotz weitreichender Bedenken von Umweltwissenschaftlern.

Würde man die beim Spritzmitteleinsatz in einem Jahr in Deutschland getöteten Insekten aufeinanderstapeln, entstünde ein gewaltiger Berg, vorwiegend aus Schädlingen. Beim Ausbringen von Insektiziden sterben aber nicht nur Getreideläuse, Gallmücken und Brachfliegen. Immer wieder bin ich kurz nach Insektizideinsätzen auf den Feldwegen in der Umgebung unseres Hauses unterwegs, und des Öfteren sehe ich dann beispielsweise halbseitig gelähmte Laufkäfer und andere ungewollte Opfer des Pflanzenschutzes umherkriechen. Darunter war auch mehr als einmal der daumengroße Höckerstreifen-Laufkäfer. Er ist ein Vertreter unserer Großlaufkäfer, mit einer bronzefarbenen Rüstung aus Chitin und einem hübschen Kettenmuster auf den Flügeldecken, das in Längsstreifen angeordnet ist. Er bevorzugt warme, lehmige Böden in der offenen Landschaft und ist eine typische Insektenart für das Isental. Der Höckerstreifen-Laufkäfer ist gesetzlich geschützt, und es ist streng verboten, ihn zu fangen. Aber die Landwirte können gar nicht vermeiden, den seltenen Käfer in großer Zahl totzuspritzen.

Angesichts der ungeheuren Insektenmassen, die der Verkehr und die Landwirtschaft fordern, erscheint es mir wie ein Aprilscherz, dass es Bürgern, ganz gleich ob ein neugieriges Kind oder ein sachkundiger Erwachsener, verboten ist, Insekten zu fangen und mit nach Hause zu nehmen. Wer tiefer in das Studium einzelner Artengruppen mit ihren oft Dutzenden, wenn nicht Hunderten ähnlichen Spezies vordringen will, kommt um das Sammeln und Präparieren nicht herum. Komplizierte Genehmigungsverfahren schrecken die meisten Menschen aber ab. Die Folge ist, dass es immer weniger Experten, Kenner und Liebhaber dieser Tiergruppen gibt. Und dass weniger Aufregung herrscht, wenn Teile unseres Naturerbes einfach verschwinden, weil sich niemand um die betroffenen Organismen schert.

Auch fehlen den Naturschützern ohne tiefere Artenkenntnis in der Diskussion schneller die Argumente. So mancher Zustand auf der Welt ist ohne eine Prise Zynismus kaum zu ertragen. Und an dieser Stelle kann ich mir einen boshaften Gedanken nicht ganz verkneifen. Kinder, die mit Schmetterlingsnetz und Botanisiertrommel durch die Felder ziehen, sind wirtschaftlich uninteressant und werden später vielleicht noch zu aufmüpfigen und kritischen Bürgern. Ist es da nicht viel »wünschenswerter«, wenn die Kleinen brav am Händi hängen, mit millionenfachen Up- und Downloads den Wirtschaftskreislauf ankurbeln und ihre außerschulische Bildungs- und Erlebniswelt im »Netz« stattfindet? Unser elfjähriger Sohn hat gerade erst ein neues Smartphone von seinen Großeltern bekommen – im Wert von 800 Euro. Immerhin gibt es auf dem ursprünglich vorwiegend als Telefon genutzten Gerät längst auch tolle Applikationen für Naturliebhaber, etwa Bestimmungs-Apps für die unterschiedlichsten Tiergruppen, zum Beispiel für Heuschrecken – ihre Stimmen eingeschlossen!

Ich muss an dieser Stelle einräumen, dass auch ich ein fleißiger Smartphone-Benutzer bin. Erst im letzten Sommer konnte ich mit Hilfe der besagten Heuschrecken-App den Sumpfgrashüpfer in unserer Feuchtwiese nachweisen. Dabei stand ich mit dem Händi in der Hand da und verglich die anschwellenden, rätschenden Verse, die aus der Wiese zu mir drangen, mit den Heuschrecken-Rufen in der App. Sehen konnte ich den Sänger nicht, aber die Stimme war eindeutig zu erkennen, fand ich und freute mich. Zwar ist der Sumpfgrashüpfer keineswegs selten. Aber er steht mittlerweile auf der Vorwarnliste und könnte schon bald in eine der Gefährdungskategorien der Roten Liste aufrücken. Als Grund für den Bestandsrückgang wird wieder einmal die Intensivierung des Grünlandes genannt. In stark gedüngten und fünfmal im Jahr gemähten Wiesen kann auch diese ehemalige »Allerweltsart« nicht überleben.

Für unseren Kinofilm über den Lebensraum Wiese haben wir auch einige Heuschrecken in ebendieser Wiese gefilmt. Weil ich mir mit der Bestimmung der Tiere nicht hundertprozentig sicher war, schickte ich ein paar Filmschnipsel und Fotos an den Münchner Heuschreckenexperten Markus Bräu, der selbst an der Roten Liste mitgearbeitet hatte und der zu den besten Kennern der hiesigen Heuschrecken gehört. Und der erkannte unter den abgelichteten Heuschrecken unter anderem auch den Sumpfgrashüpfer (siehe den Bildteil).

Als Kind verehrte ich die Insekten fast so sehr wie Lurche und Kriechtiere. Vor allem in die Schönheit der

Schmetterlinge und noch mehr in den Farben- und Formenreichtum der Käfer hatte ich mich verliebt. Und um sie aus der Nähe zu bestaunen und sie in Ruhe zu beobachten, war es unerlässlich, die Brummer und Krabbler auch zu fangen. Es war äußerst faszinierend, erbeuteten Heuschrecken dabei zuzusehen, wie sie ganze Blätter in sich hineinmampften, oder im Schein der Bettlampe Laufkäfer zu beobachten, wenn sie sich über ein Stück Birne hermachten oder auch eine wie wild schäumende Gehäuseschnecke überwältigten. Für mich war es die Serengeti im Gurkenglas. Und es gab ja noch so viele Träume, für die es zu leben lohnte. Einmal einen leibhaftigen Hirschkäfer auf der Hand zu haben …! Solche und ähnliche Wünsche, die sich nur nach und nach erfüllten, hielten die Glut der Begeisterung in meinem Inneren wach. Sie loderte sofort auf, wenn sich nach dem Studium seiner Naturgeschichte und nach langer Suche endlich eines der Traumobjekte zeigte. Und manche Träume haben sich bis heute nicht erfüllt. Bevor ich nicht einen glänzend schwarzen Schneckenkanker gesehen habe, den seltensten, größten und geradezu »monströsen« Vertreter der heimischen Weberknechte, will ich auf keinen Fall abtreten!

Als Kind schimpfte ich mit meinen Eltern, wenn es darum ging, das Laub im Garten zusammenzurechen. Natürlich war ich vor allem zu faul. Aber es brannte in mir auch die Leidenschaft für das Unordentliche vor der Haustür, weil ich wusste, dass dort Igel, Amseln und

Erdkröten mehr zu Fressen finden als auf dem gemähten »Sportrasen«. Im elterlichen Garten wurde ein Teich angelegt, der eher eine große Pfütze war. An seinem Rand stapelte ich Totholz. Wendete ich gelegentlich die deponierten Wurzeln und Baumscheiben, konnte ich schillernde Laufkäfer, Kröten oder Blindschleichen finden – im eigenen Garten! Mir war schon als Kind klar, wie einfach es ist, Tiere anzusiedeln. Man musste ihnen nur passende Bedingungen schaffen.

Einmal sah ich vom Fenster unseres Wohnzimmers aus zu, wie eine Amsel eine kleine Blindschleiche verspeiste. Kurz zuvor hatte ich darüber gelesen, wie viele Reptilien in deutschen Gärten von Hauskatzen getötet würden, und ich erinnerte mich an die überfahrenen Blindschleichen, die ich immer wieder vor unserem Haus auf der Straße fand. Da ging mir als Jugendlichem regelrecht ein Licht auf: Ich hatte begriffen, dass unser großer Garten ein guter Blindschleichen-Lebensraum war, der mal von mehr, mal von weniger Exemplaren dieser beinlosen Eidechsen bewohnt wird. Es war nicht so wichtig, wie viele Blindschleichen gefressen oder überfahren würden. Solange die alten Bäume und Gebüsche im Garten standen, solange der kleine Teich und all das Totholz da waren, solange wir nicht allzu oft mähten und das Laub zusammenrechten, so lange würde es hier auch Blindschleichen geben, weil sie ausreichend Versteckplätze und genügend zu fressen finden. Da war ich mir sicher.

Diese Zeiten liegen lange zurück. Ich glühte damals für den Erhalt von Lebensräumen und trat mehreren Naturschutzverbänden bei. Systematisch durchforstete ich das Fernsehprogramm nach Tiersendungen. Damals gab es charismatische Moderatoren, die den Zuschauer sofort »abholen« und »mitnehmen« konnten. Authentische und glaubhafte Figuren wie Horst Stern, Bernhard Grzimek und Heinz Sielmann waren die Leinwand- oder besser: die Mattscheibenhelden meiner Jugend. Heute sucht man solche Persönlichkeiten in Deutschland vergeblich. *Die Expeditionen ins Tierreich*, die der NDR mit Sielmann als Galionsfigur herstellte, waren für mich seelische Leib- und Magenspeise. *Tiere im Schatten der Grenze*, *Kobolde der Nacht* und andere Sielmann-Filme, die sich mit der heimischen Natur beschäftigten, prägten mich für mein ganzes Leben.

2015 wurde ich von der Witwe des legendären Tierfilmers, Inge Sielmann, gefragt, ob ich in den Stiftungsrat der Heinz Sielmann Stiftung eintreten wolle. Seitdem bin ich Mitglied in dem Gremium, das das Erbe von Heinz Sielmann verwaltet, große Wildnisgebiete in Brandenburg besitzt und Naturschutzprojekte im In- und Ausland unterstützt. Darunter das Projekt »Jeder Gemeinde ihr Biotop«, das das langjährige Stiftungsratsmitglied Peter Berthold initiierte und mit großem Erfolg zunächst in der Bodenseeregion im wahrsten Sinne des Wortes mit Leben gefüllt hat.

2016 begann die Heinz Sielmann Stiftung, das Projekt »Jeder Gemeinde ihr Biotop« für ganz Deutschland auf den Weg zu bringen. Kerngedanke ist, dass jede Gemeinde in Deutschland auf 15 Prozent ihrer Fläche Biotope errichtet oder vorhandene Lebensräume aufwertet. Passend zur Ausstattung der jeweiligen Umgebung können das Weiher, Heckenlandschaften oder auch blühende Wiesen sein. So soll ein deutschlandweiter Verbund an Lebensräumen entstehen, der mithelfen könnte, den flächendeckenden Schwund an Insekten und anderen Arten zu bremsen. Längst hat man nämlich erkannt, dass auch noch so große Nationalparks und verstreute Naturschutzgebiete dazu nicht in der Lage sind. Peter Berthold, der als Professor und langjähriger Leiter der Vogelwarte Radolfzell die Gefiederten kennen dürfte wie kaum ein Zweiter, stellt fest: »Im Vergleich zum Jahr 1800 leben heute 80 Prozent weniger Vögel in Deutschland, allein seit 1965 ist die Individuenzahl der Vögel in einer Art galoppierender Schwindsucht um 65 Prozent zurückgegangen. Von unseren 268 Brutvogelarten sind zehn bereits ausgestorben, 20 Arten sind in den letzten 25 Jahren um mehr als 50 Prozent geschrumpft. Bei einigen einst häufigen Arten, wie Braunkehlchen und Rebhuhn, sind über 90 Prozent verschwunden.«

Am stärksten ist der Rückgang bei jenen Arten, die in der Feldflur leben und die auf ein intaktes Grünland als Lebensraum angewiesen sind. Der Ökologe und Biologieprofessor Josef Reichholf hat im Auftrag der Deutschen Wildtier Stiftung die Situation der heimischen

Schmetterlinge untersucht. Und auch er kam zu dem Ergebnis, dass die stärksten Verluste bei dieser Artengruppe in den letzten Jahrzehnten in der Feldflur stattgefunden haben. Reichholf verglich in einer Langzeitstudie die Häufigkeit der Falter auf dem Land mit jener im Wald und in Siedlungsgebieten. Der überraschende Befund: Das Stadtgebiet von Berlin und anderer Metropolen nimmt sich zunehmend als Arche der Artenvielfalt aus gegenüber den landwirtschaftlich geprägten Gebieten. Auch im Wald ist der Befund nicht negativ. Rückgang und Artensterben bei unseren Schmetterlingen finden vor allem in den Regionen statt, in denen Landwirtschaft betrieben wird. Und ganz vorne, an der Spitze der betroffenen Lebensräume, stehen die Wiesen.

Dabei sind nicht nur die meisten schönen Schmetterlinge und bunten Grashüpfer verloren gegangen. Es sind auch Dreiviertel der Biomasse weg, auf die ja nicht nur Vögel, sondern auch Fledermäuse, Kröten und andere als Nahrungsquelle angewiesen sind. Kein Wunder, dass selbst Allerweltsarten von einst wie die Feldlerche vielerorts verstummt sind. Unsere Naturschutzgebiete allein, mit einem Flächenanteil in Deutschland von etwa vier Prozent, können nicht die Insektenbiomasse für das ganze Land »produzieren«. Zumal insektenreiche Wiesen in unseren Nationalparks und sonstigen Schutzgebieten eher unterrepräsentiert sind.

Insekten als Bestäuber, Insekten als Nahrung für andere Tiere und Insekten als Lebensformen mit einem eigenen, angestammten Existenzrecht müssen sich in der Landschaft entwickeln können. Und da sieht es momentan düster aus. Was muss also getan werden? Können Naturschutzmaßnahmen zurückbringen, was in den vergangenen Jahrzehnten verloren gegangen ist? Lässt sich der Trend umkehren?

Forscher gehen davon aus, dass es in der Mitte des letzten Jahrhunderts, also um die 1950er Jahre, eine größere Anzahl von heute seltenen Wiesentieren gab als jemals zuvor. Die kleinräumige Landwirtschaft mit extensiver Bewirtschaftung sparte ungünstige Standorte wie nasse Senken, Bachufer, Gehölze, feuchte und magere Wiesen aus. Das Grünland wurde kaum gedüngt und nur zweimal im Jahr gemäht. Paradiesische Verhältnisse, wohlgemerkt nicht für die Menschen, sondern für die Biodiversität! Nicht auszudenken, wie es damals hier im Isental geklungen haben muss, wenn man an einem der ersten warmen Apriltage die Feldwege hinauswanderte. Das Konzert der Wiesenvögel, allen voran Feldlerche und Brachvogel, wollte nicht enden. Im Juli begleitete den Wanderer das vielstimmige Zwitschern, Schnarren und Surren der Wiesenheuschrecken. Überall gaukelten Schmetterlinge über den farbenfrohen Wiesen. Müsste man nicht fordern, das Rad der Zeit und damit der technologischen Entwicklung zurückdrehen? Das ist natürlich unrealistisch.

Eines lässt sich leicht beweisen: Wenn man selten gewordenen Tieren geeignete Lebensbedingungen bietet, kehren viele von ihnen rasch zurück. Das zeigen die Wiesen, Weiden und die von uns geschaffenen »Biodiversitäts-Spielplätze« um unser Haus. Weiher und Tümpel, Flachgewässer, die im Sommer regelmäßig austrocknen, Totholzhaufen, Kies- und Sandhügel und verschiedene feuchte und trockene Wiesenbereiche. Als Kind hätte ich mir nicht träumen lassen, dass ich einmal Blindschleichen-Lebensräume dieses Ausmaßes anlegen würde! Und hier brummt im wahrsten Sinne des Wortes das Leben.

Seit fast 20 Jahren arbeitet Gerwig Lawitzky, promovierter Soziobiologe und Insektenkundler, als Wissenschaftler in unserer kleinen Filmfirma. Vergangenes Frühjahr zählte er elf verschiedene Hummelarten, die in und am Rande unserer Wiesen Nektar sammelten: Dunkle Erdhummel, Helle Erdhummel, Gartenhummel, Wiesenhummel, Ackerhummel, Sandhummel, Waldhummel, Baumhummel, Steinhummel, Felsen-Kuckuckshummel und Keusche Schmarotzerhummel. Auch viele Schmetterlinge tummeln sich hier, Arten, die einst massenhaft das Grünland rechts und links der Landstraßen bevölkerten und die heute oft nur noch auf Inseln in der Landschaft existieren: Schornsteinfeger, Großes Ochsenauge, Goldene Acht und Wiesenknopf-Ameisenbläuling.

Rings um unsere Oase sucht man diese und andere Arten mittlerweile vergeblich. Auch die meisten Wiesenvögel sind aus der Umgebung verschwunden. Manche lange vor unserer Zeit, andere erst in den letzten Jahren, so wie der Kiebitz. Ein paar Feldlerchen tirilieren noch im Frühling hoch oben am Himmel, aber es werden von Jahr zu Jahr weniger. Zwar brüten auf unserem Grund Feldschwirl, Blaukehlchen, Schilfrohrsänger und sogar der Pirol. Aber für die am stärksten bedrohten Vögel der Wiesenlandschaften reicht der Biotopbau im privaten Maßstab nicht aus. Sie brauchen großflächige, intakte Kulturlandschaften. Sind diese Arten also unwiederbringlich verloren? Gibt es eine Perspektive für eine naturverträgliche Bewirtschaftung? Und wenn ja, wie sieht die Ökowiese der Zukunft aus?

Da die Wiesenpflanzen und -tiere darauf angewiesen sind, dass gemäht und das Mahdgut entfernt wird, ist es keine Lösung, etwa einen größeren Teil des Grünlands sich selbst zu überlassen. In einzelnen, abgezäunten Gebieten kann eine Beweidung durch Rinder, Pferde, Wasserbüffel und andere Großtiere einen vielfältigen Pflanzenbestand aufrecht halten. Aber für das durchschnittliche Grünland kommt auch diese Lösung nicht in Frage. Also muss die Wiese weiter bewirtschaftet werden, und die dafür geleistete Arbeit muss bezahlt werden und sich tunlichst auch lohnen.

Sucht man im Internet nach Rat, erhält man allerlei Vorschläge: Eine Kombination von intensiv und extensiv genutzten Grünlandstandorten sei anzustreben, um mit Qualitätserzeugung, die sich von der Einheitsmassenware abhebt, Hochpreismärkte zu erobern und zu schaffen. Es ist nicht von der Hand zu weisen, dass immer mehr Menschen bereit sind, höhere Preise zu bezahlen, wenn ihre Lebensmittel hochwertiger und gesünder sind. Etwa für Milch und Fleisch von Rindern, die mit frischem Gras und Kräutern gefüttert werden und die höhere Anteile wertvoller ungesättigter Fettsäuren wie Omega-3 und konjugierte Linolsäuren aufweisen. Kräuterreiches Grünfutter und Heu stärken außerdem die Tiergesundheit, und das wiederum reduziert den Einsatz von Tierarzneimitteln und damit Rückstände im Fleisch.

Auch für das Tierwohl an sich sowie für ökologische Leistungen sind viele Verbraucher bereit, etwas tiefer ins Portemonnaie zu greifen. Bei einem extensiven Nutzungsintervall von mehr als sechs Wochen kommen vermehrt Gräser und Kräuter zur Blüte und können aussamen. Wiesen mit nur zwei bis drei Schnitten pro Jahr zeigen bereits eine große Blütenvielfalt. Ein Aspekt, mit dem sich werben lässt. Ökologisch wirtschaftende Betriebe beherbergen auf ihrem Boden naturgemäß wesentlich mehr Artenvielfalt als die mit Pestiziden behandelten Nachbarflächen. Laut Statistischem Bundesamt macht der Ökolandbau bundesweit sieben Prozent aus, und die Bundesregierung hat sich das Ziel gesteckt, durch Fördermaßnahmen den Anteil auf ein Fünftel der Gesamtfläche auszudehnen. Allerdings ist trotz aller Vorteile auch das ressourcenschonende und giftfreie Wirtschaften keine Garantie für magere Blumenwiesen voller Heuschrecken, Schmetterlinge und Vögel. Auch der Biobauer muss darauf achten, dass der Ertrag stimmt, sonst geht sein Betrieb unter.

Trotzdem könnten Landwirte verstärkt dazu angehalten werden, es mit der Gründlichkeit nicht mehr ganz so genau zu nehmen. Sicher gibt es in jedem Betrieb Ecken und Ränder, die im Schatten liegen, besonders trocken oder auch feucht sind, klein und von daher unrentabel oder die anderweitig keinen Profit abwerfen. Hier könnte viel für den Naturschutz gewonnen werden, wenn solche Flächen nicht mehr der Ordnung halber kultiviert würden, sondern vielleicht nur noch einmal im Jahr gemäht. Sofern es sich nicht um Flächen handelt, die sich für eine Prämienzahlung aus dem Vertragsnaturschutz eignen, unterliegt die reduzierte und biodiversitätsfreundliche Pflege solcher Ecken der Freiwilligkeit der Landwirte – und die haben oft mehr als genug Arbeit mit ihren wirtschaftlich wichtigen Flächen.

Auch das Wachsen- und Stehenlassen von Wiesenrändern ist eine schöne und einfache Möglichkeit, mehr Blütenpracht in die Landschaft zu bringen. Hier können sich Raupen zu Schmetterlingen entwickeln, Vögel Grassamen ernten, und außerdem dienen solche Randstreifen als Verbundsysteme, als Verkehrswege zwischen den angrenzenden Flächen, die von Schnecken, Insekten, Spitzmäusen und anderen gleichermaßen genutzt werden. Optimal für die »Verkehrsteilnehmer« im Verbund wäre es natürlich, die Wiesen der Umgebung gestaffelt zu mähen, in möglichst kleinen Portionen, um Rückzugsräume und Nahrungsangebote zu erhalten.

Wo es praktikabel ist, sollte die Weidehaltung ausgeweitet werden, schon den Nutztieren zuliebe. Hier herrscht in der Regel eine große Artenvielfalt, solange nicht zu viele Vieheinheiten auf der Fläche grasen. Für Singvögel und Blütenbesucher sind feste Zäune oft wertvoll. Sie sind nicht nur gute Sitzwarten. Unter dem Zaun hält sich stets ein kaum genutzter Grünstreifen, in dem zahlreiche Insekten leben. Verantwortung übernimmt der Landwirt auch bei der Wahl des Zeitpunktes einer Maßnahme, etwa der Mahd von Grünland. An warmen Tagen müssen zahllose Bienen im Mähwerk ihr Leben lassen. Eine Untersuchung am Schweizer Institut für Bienenforschung ergab in unterschiedlichen Varianten bis zu 90 000 getötete Bienen pro gemähtem Hektar Wiese.

Eine besonders naturverträgliche Bewirtschaftungsweise, die derzeit erprobt und wissenschaftlich untersucht wird, ist die Wässerwirtschaft. Jahrhundertelang wurden Wiesen unter Wasser gesetzt, um Mineralien im Boden zu lösen und zu verteilen und so die Heuernte zu verbessern. Im 19. Jahrhundert sollen mehr als die Hälfte der Wiesen regelmäßig auf diese Weise gewässert worden sein. Das Institut für Umweltwissenschaften an der Universität Koblenz-Landau untersucht diese historische Form der Landbewirtschaftung in der Pfälzischen Rheinebene. Die Bewässerung führt zu einer besser über das Jahr verteilten Nährstoffversorgung und dadurch zu einer höher ausfallenden Heuernte. Ein besonders interessanter Forschungsschwerpunkt ist für Projektleiterin Dr. Constanze Buhk und Kollegen, inwieweit das Bewässern einen positiven Effekt auf Flora und Fauna hat. Klar ist bereits, dass viele Tiere, wie der Weißstorch und andere Wiesenvögel, profitieren.

Bei der Wässerwirtschaft wird einmal im Frühling und einmal im Hochsommer ein Bach aufgestaut und die Wiese für jeweils zwei Tage unter Wasser gesetzt. Anschließend wird das Wasser über flache Gräben abgeleitet und in den Bach zurückgeführt. »Das Wasser kann in dieser Zeit aber bis in alle Poren eindringen und die Wiesen für den Sommer gut mit Feuchtigkeit versorgen, wenn sie sonst trocken lägen und außerdem mit Stickstoff gedüngt werden müssten«, erklärt Buhk das Verfahren. Somit könne ohne künstlichen Dünger zweimal im Jahr gemäht werden. Geeignet seien alle Gebiete, in denen es die Wiesenbewässerung schon einmal gegeben habe, vor allem im eher flachen Norden und Osten Deutschlands, aber auch in den Mittelgebirgen, wo die Flüsse und Bäche besonders viele Mineralien enthielten, so die Projektleiterin. Die Wiesenbewässerung ist sowohl in ökonomischer als auch in naturschutzfachlicher Hinsicht interessant. Denn die Gräben, Rinnen und die Feuchtwiesen selbst sind ein wertvoller Lebensraum für viele Tiere und Pflanzen. Gleichzeitig spart der Landwirt Dünger, der ja für sich genommen einige Kosten verursacht.

Solche und andere Konzepte sind in Entwicklung und

Erprobung. Allerdings darf man vermuten, dass nicht binnen weniger Jahre das Gros der Flachlandwiesen in Deutschland bewässert werden wird oder dass Bauern im großen Stil Feldraine und unrentable Winkel und Ecken dem Naturschutz widmen. Es muss etwas passieren, das in der Fläche wirkt und überall im Land zu spüren ist. Aber was? Spätestens bei dieser Überlegung ist es wichtig zu wissen, wie sich die Situation für den praktizierenden Landwirt darstellt, der mit seinen Flächen auf Gedeih und Verderb darauf angewiesen ist, dass er Geld verdient.

Die Landwirtschaft ist der einzige völlig vergemein-schaftete Politikbereich in der EU. Die betreffenden Gesetze werden zentral in Brüssel entschieden und die Gelder (immerhin fast 150 Millionen Euro *täglich*) an die Landwirtschaft der Mitgliedsländer verteilt. 1992 wurde der Agrarsektor in der EU reformiert. Auf Betreiben der Welthandelsorganisation WTO gibt es seit dieser Zeit keine marktstützenden Zahlungen mehr, bei denen Landwirte überhöhte und subventionierte Preise für ihre Produkte erhalten. Die Subventionen fließen seitdem direkt an die Erzeuger. Für Deutschland stehen etwa sechs Milliarden Euro jährlich bereit. Mit diesen Geldern werden seither sowohl die landwirtschaftlichen Betriebe am Leben erhalten als auch die ländlichen Regionen gefördert. Die Regularien, nach denen die Geldmittel in Europa verteilt werden, teilen sich auf in zwei Säulen.

Die erste Säule enthält den Löwenanteil der Gelder als Direktzahlungen an die Bauern, gut fünf Milliarden

Euro allein in Deutschland. Jeder Betrieb erhält knapp 300 Euro pro Hektar bewirtschafteter Fläche, einfach so. Die Landwirte beziehen durchschnittlich 40 Prozent ihrer Einkünfte aus diesem Fördertopf. Dafür muss der einzelne Bauer bestimmte EU-Vorschriften beachten, etwa was Lebensmittelhygiene oder Tierhaltung betrifft (»Cross Compliance«). Zum anderen ist die Zahlung der Prämien an generelle Umweltauflagen gebunden (»Greening«). So wurde 2015 beschlossen, dass jeder landwirtschaftliche Betrieb fünf Prozent ökologische Vorrangflächen ausweisen muss, um in den Genuss der vollen Prämienzahlung zu kommen. Dazu gehören Hecken, Bäume, Biotope, Brachen und anderes mehr.

Die Naturschutzverbände frohlockten, doch dann warf der Bauernverband sein Gewicht in die Waagschale. Auf seinen politischen Druck hin wurde die Liste der ökologischen Vorrangflächen für das Greening um ein paar weitere Punkte ergänzt: nämlich um Äcker, auf denen Zwischenfrüchte, Untersaaten oder stickstoffbindende Pflanzen angebaut werden. Damit ging der Schuss nach hinten los, denn diese Maßnahmen gehören ohnehin mehr oder weniger zur »guten fachlichen Praxis«. 80 Prozent der von den Betrieben für das Greening benannten Flächen fallen in diese Kategorie. Im Sinne des Naturschutzes sind derartige Flächen wertlos, weil sie genauso behandelt werden dürfen wie der Acker nebenan. Das Greening hat als Steuermechanismus für eine umweltfreundlichere Landwirtschaft versagt.

Die zweite Säule ist wesentlich dünner und enthält ganz unterschiedliche Förderprogramme, die nicht in erster Linie auf die Erhaltung der Betriebe abzielen, sondern auf die »ländliche Entwicklung«. Gefördert wird allerhand: Extensivierungen, ökologischer Landbau, Hofläden, Dorfentwicklung, Tourismus und das Wirtschaften in benachteiligten Gebieten. Mit Geldern aus der zweiten Säule werden auch freiwillige ökologische Leistungen honoriert. Beispielsweise wenn ein Landwirt seine Wiesen so pflegt, dass sie nicht vorrangig viel Grünfutter abgeben, sondern in erster Linie als Lebensraum dienen. Das ist der so wichtige Vertragsnaturschutz, an dem die Existenz unserer Brachvögel (sofern sie nicht auf dem Flughafengelände brüten) und vieler anderer Tierarten hängt.

Der Löwenanteil der Bezuschussung der Landwirtschaft stammt aus der ersten Säule und ist faktisch nicht an eine Gegenleistung gebunden. Die Gesellschaft subventioniert also einen alleine nicht konkurrenzfähigen Wirtschaftszweig, ohne etwas dafür zu bekommen. Wenn man den Rückgang der Artenvielfalt, die Belastung des Grundwassers durch Nitrat und Pestizide oder die Abwertung des Landschaftsbildes mit in die Rechnung einbezieht, trägt die Allgemeinheit sogar einen ziemlich großen Schaden davon, der sie noch teuer zu stehen kommen könnte.

An dieser Stelle lohnt sich auch ein Blick ins Grundgesetz. Unter § 14 (2) heißt es: »Eigentum verpflichtet. Sein

Gebrauch soll dem Wohle der Allgemeinheit dienen.«
So darf man zum Beispiel nicht auf dem eigenen Grund
mit der Stereoanlage beliebig laut Musik machen, wenn
die Nachbarn dabei am Schlafen gehindert werden. Man
darf auch nicht auf dem eigenen Grund nach Belieben
ein Haus bauen. Das Baurecht regelt die Möglichkeiten,
weil die Belange der Allgemeinheit betroffen sind, auch
wenn es sich hierbei um nicht viel mehr als ästhetische
Fragen handelt.

Warum also darf ein Landwirt auf einer Wiese ganze
Lebensgemeinschaften auslöschen, die vielleicht seit
Jahrhunderten Bausteine des örtlichen Ökosystems sind?
Warum ist es zulässig, dass von der Nutzung des eigenen Bodens eine Gefahr für das Grundwasser ausgeht?
Reaktiver Stickstoff aus dem frisch gedüngten Grünland
gelangt auch in Bäche und Flüsse und hat zu einem fast
flächendeckenden Aussterben von Muscheln, Krebsen
und Kleinfischen geführt. Alles rechtens? Es ließen sich
noch viele Beispiele finden, die illustrieren, wie hier die
Nutzung des Eigentums einen Schaden für die Allgemeinheit verursacht.

Hier liegt der Schlüssel für das Problem des Wiesen-
rückgangs. Das Zweisäulenmodell, das die Prämienzahlung für die Landwirte regelt, muss nicht reformiert
werden, sondern revolutioniert! Die Landwirte sollen
leben, sie sollen gut und gerne auch besser leben als
heute. Aber dass ein ganzer Berufsstand dauerhaft
Steuergelder in Milliardenhöhe zur Stützung bekommt,

muss seine Berechtigung haben, die Bürger müssen etwas davon haben, dass ihre Arbeit die der Bauern fast zur Hälfte mitfinanziert. Intensivgrünland, auf dem es alle paar Wochen bestialisch nach Gülle stinkt, ist keine Gegenleistung. Die mit Silage gemästeten Rinder aus Massentierhaltung und Billigfleisch sind es auch nicht.

Was wir brauchen, ist eine gesellschaftliche Debatte darüber, ob wir blühenden Wiesen und artenreiche Feldraine wollen oder nicht. Ob die Landschaft von früchtetragenden Hecken und blühenden Obstbäumen geschmückt sein soll oder nicht. Ob Tümpel, Gräben und Bäche breite Säume aus Wiesen und Galeriewäldchen haben sollen, damit das Wasser wieder so sauber wird, dass man irgendwann vielleicht sogar wieder von ihm trinken kann, oder nicht. Kurz, ob wir in einer möglichst gesunden, vielfältigen und artenreichen Umwelt leben wollen, oder ob uns das gleichgültig ist. Ich glaube und ich hoffe, dass die Mehrheit der Menschen für die gesunde Vielfalt wäre.

Landwirte sind die geborenen oder besser gesagt: gelernten Landschaftspfleger. Sie haben die Ausbildung, die Expertise und die Maschinen. Wenn wir als Gesellschaft blühende Wiesen voller singender Heuschrecken und bunter Schmetterlinge wollen, dann müssen wir dafür auch bezahlen, denn niemand kann auf Dauer unentgeltlich Leistungen bringen. Im Stadtpark mäht ja auch nur jemand den Rasen, weil wir bereit sind, dafür Geld auszugeben.

Biodiversität muss zum Agrarprodukt werden. Es soll sich für einen Landwirt lohnen, einen trockenen Hang nur zweimal im Jahr zu mähen und das magere, aber gesunde Heu aufzubereiten. Es soll sich lohnen, die Feuchtwiesen in den Talauen erst Ende Juni zu mähen, wenn alle Wiesenvögel ihre Jungen großgezogen haben. Es soll sich lohnen, auf Gift und Gülle zu verzichten. Nicht unbedingt auf der gesamten Fläche eines Betriebes, aber auf einem guten Teil.

Wenn die Bauern nur ein Fünftel ihres Grünlandes nach der Zielsetzung »Artenreichtum« bewirtschaften würden, wir wären um eine Million Hektar blühende Wiesen reicher! Die Anzahl der Schmetterlinge, Käfer und anderer Insekten, die von jetzt auf gleich wieder einen Lebensraum fänden, wäre schier unermesslich hoch. Es wäre ein Paukenschlag gegen das Insektensterben! Nicht auszudenken, wie schnell sich die heimische Tier- und Pflanzenwelt regenerieren würde, wenn alles Bewirtschaften der Ländereien in Deutschland zum Ziel hätte, ökonomisch und zugleich ökologisch zu sein! Der Ökolandbau ist ein wichtiger Schritt in die richtige Richtung. Artenvielfalt als Ertragsziel ist jedoch noch einmal etwas ganz anderes.

Der Gewinn auf solchen Biodiversitätsflächen würde natürlich zurückgehen. So wie im ökologischen Landbau generell. Dessen Erträge sind pro Hektar im Durchschnitt etwa halb so groß wie in der konventionellen Landwirtschaft, zumindest bei Ackerfrüchten. Reicht dafür die Fläche im Land? Kritiker führen ins Feld, dass man zur Befriedigung der Märkte mit Ökoprodukten doppelt so viel Platz braucht, der ja irgendwoher kommen muss. Schnell wird einem vorgerechnet, dass man zusätzliche Flächen in der Größe eines Bundeslandes oder aller Schutzgebiete zusammen benötige, wenn der Ertrag in der Landwirtschaft durch eine komplette Umstellung auf Öko-Landbau entsprechend sinken würde. Aber das ist schlichtweg zu kurz gedacht, die Sichtweise unkreativ und der Rest Schwarz-Weiß-Malerei. Es kommt darauf an, wie wir mit den knappen Anbauflächen umgehen.

Natürlich brauchen wir künftig intensiv genutzte Anbauflächen – darunter vielleicht auch fünfmal im Jahr gemähte und gedüngte Wiesen für eiweißreiches Grünfutter. Wir dürfen nicht hysterisch werden, Falter und Käfer als Individuen vermenschlichen und überhöhen. Unser Salatbeet vor dem Haus ist auch eine kleine Monokultur, die wir düngen und auf der wir keine Schnecken dulden. Das Problem ist nicht die einzelne Fläche, sondern das Ausmaß.

Ein viel größerer Anteil des Landes als bisher darf einfach nicht weiter nur der Maxime der Ertragsmaximierung unterliegen. Sonst verkommt die Landschaft zum Gewerbegebiet der nahrungsmittelproduzierenden Industrie. Und wer macht seinen Sonntagsspaziergang

schon gerne in einem unbelebten Industriegebiet? Es
ist etwas Einfallsreichtum und Erfindergeist gefragt: Ja,
wir sind viele Menschen auf der Erde, und Deutschland
gehört zu den am dichtesten besiedelten Ländern der
Welt. Und ja, Flächen sind knapp. Aber werden die vorhandenen Anbaugebiete optimal genutzt?

Allein in Deutschland wachsen etwa 2,5 Millionen
Hektar Energiepflanzen für die Biokraftstoff- und
Stromerzeugung. 2,5 Millionen Hektar, die wir offensichtlich nicht für die Herstellung von Nahrungsmitteln
brauchen. Das Argument, dass wir für unsere Ernährung
jeden Quadratmeter benötigen, ist also nicht stichhaltig.
Und die restlichen Anbauflächen? Würden wir weniger
Fleisch essen, stünde sehr viel Fläche zur Verfügung! Um
eine tierische Kalorie aus Rindfleisch zu erzeugen, müssen zehn pflanzliche Kalorien verfüttert werden – an die
Kuh. Wir müssten nur zu einer stärker vegetarisch orien-
tierten und darüber hinaus gesünderen Ernährungsweise
übergehen, schon würde der Druck auf das Land sinken.
Weniger Fleisch auf dem Teller hätte noch einen weiteren
positiven Effekt: Fast ein Viertel der Treibhausgase weltweit stammt aus der Landwirtschaft, vor allem aus dem
Magen der Wiederkäuer. Das ist immerhin mehr als von
Autos und Flugzeugen zusammen.

Ich halte es für falsch, das Verbraucherverhalten allein
über Angebot und Nachfrage zu regeln und dem freien
Markt zu überlassen. Der hat Profite im Sinn und niemals
das Wohl der Menschen. Sonst gäbe es im Supermarkt

kein Hühnchen für einen Kilopreis von weniger als vier Euro. Dabei ist das Billigfleisch eigentlich gar nicht so günstig, wie es scheint, denn die Schäden, die die Massentierhaltung nicht nur am Grundwasser verursacht, müssen irgendwann auch bezahlt werden. Allerdings nicht direkt von den Kunden im Supermarkt, sondern von uns allen.

Jeder weiß, dass wir mit unserem Kaufverhalten vieles steuern könnten. Dennoch erscheint es mir ausgesprochen unfair, dem einzelnen Bürger diese Verantwortung aufzubürden. Wer will schon der Erste sein, der auf sein Schnitzel verzichtet, wenn er doch keinen positiven Effekt des Verzichtens spürt? Erst wenn wir alle den Fleischkonsum drosseln, lässt der Druck auf das Land und die Atmosphäre nach. Also sollten die Subventionen aus Brüssel, die sich ja letztlich aus unser aller Steuergeldern zusammensetzen, die Probleme regeln. Steigende Lebensmittelpreise durch ein knapperes Angebot und höhere Qualität, besonders bei Fleischprodukten, würden schlagartig zu einem geringeren Verbrauch führen und darüber hinaus zu einer größeren Wertschätzung des Lebensmittels. An dieser Stelle würden die Gesetze des Marktes sicher zuverlässig funktionieren.

Natürlich will bedacht sein, dass es Menschen gibt, die sich ökologisch hochwertiges Fleisch und andere Lebensmittel nicht leisten können oder wollen, wenn die Preise steigen. Eine berechtigte Sorge! Doch fallen mir da erneut die fünf Milliarden Euro Subventionen für die Landwirtschaft ein, die »mit der Gießkanne« über all jene verteilt werden, die Land bewirtschaften. Ganz gleich ob Ökolandwirte, redliche Bauern, Umweltsünder, Genossenschaften oder Konzerne, die mit Agrarflächen spekulieren und Steuermillionen abgreifen. Auf der »Top Ten« der Prämienempfänger ist kein einziger Landwirt. Die Spitzenreiter sind entweder staatliche Institutionen, Großkonzerne oder Genossenschaften. Eine Gesellschaft, die sich so ein System leisten kann, dürfte auch in der Lage sein, jenen, denen das Schnitzel zu teuer wird, unter die Arme zu greifen.

Meines Erachtens führt kein Weg an einem großflächigen »Produktionsziel Biodiversität« vorbei. Dafür brauchen wir die Bauern, und dafür sollen sie gut bezahlt werden! Berlin und Brüssel sollen die Rahmenbedingungen abstecken. Wir alle sind gefordert, an der Wahlurne unserem Wunsch nach Veränderung Ausdruck zu verleihen.

Ich kenne viele Naturschützer, die enttäuscht und frustriert über die Verhältnisse zu Nichtwählern geworden und in politische Agonie gefallen sind. Das ist falsch! Es gibt Parteien, auch ganz kleine, bei denen Naturschutz Programm ist. Es gibt Bürgerentscheide. Und es gibt die Möglichkeit, sich an die Lokalpolitiker zu wenden, und sei es der Bürgermeister der eigenen kleinen Gemeinde. Am Ende muss aber die Gemeinsame Agrarpolitik der EU neue Regeln finden für einen an die Erkenntnisse der Zeit angepassten Umgang mit der Landschaft, nicht nur in Deutschland. Würden die europäischen Länder konsequent umdenken und einen neuen Umgang mit der

Landschaft finden, weg von Ausbeutung und inselhafter Schadensbegrenzung in Schutzgebieten, hin zu flächendeckend nachhaltigem und ökologisch angepasstem Wirtschaften, der Rest der Welt würde irgendwann folgen. Denn es wäre ja nicht ein Wandel unter dem Diktat einer wiesenknopfameisenbläulingsverliebten Minderheit, sondern ein Umbruch, der hilft, der Gesellschaft eine lebenswerte Zukunft zu sichern.

Es wäre sicher machbar. Und es müssten auch bestimmt keine Naturschutzgebiete in Kartoffeläcker umgewandelt werden, weil der Ertrag auf den giftfrei bewirtschafteten Äckern sinkt, wie es die Gegner des Öko- und Biodiversitätsgedankens prophezeien.

Ich bin Vater und Optimist und liebe das vielfältige Leben. Meine Vision für die Zukunft ist, dass die Grenzen zwischen Schutzgebieten und landwirtschaftlichen Flächen unscharf werden. Viele Wiesen gleichen wieder einem vielfältig grünen Ozean, der übersät ist von Farbtupfern. Landauf, landab hört man im Frühling das Konzert der Feldgrillen, aus dem das melancholische Kjuu-witt-witt-witt der Kiebitze und das Trillern der Brachvögel klingen. Im Sommer springen Heuschrecken, Käfer und Zikaden nach allen Seiten davon, wenn ich durch diese neue alte Landschaft schlendere, um mich irgendwo bäuchlings in die Wiese zu legen und das geschäftige Auf und Ab im Dschungel der Halme zu beobachten. So wie es mir einst meine Mutter abends vor dem Einschlafen in den Geschichten aus ihrer Kindheit erzählt hat.

Herbstzeit

Zu beiden Seiten des Flüsschens liegt eine Reihe von unterschiedlich geschnittenen Wiesenparzellen, ganz so, als habe jemand fein säuberlich verschieden breite und lange Handtücher im rechten Winkel zum Flussufer auf den Boden gelegt, eines neben das andere. Manche der kleinen Grundstücke sind etwas trockener und liefern regelmäßig Heu. Andere sind so nass, dass man hier früher nur einmal im Jahr Einstreu für den Stall erntete. Heute liegen sie brach.

In der Nacht zuvor war die Temperatur in der Feuchtwiese leicht unter den Gefrierpunkt gesunken. Bis heute Morgen blieb sie im Minusbereich, und das hat einiges in der Wiese verändert. Die Blätter des Blutweiderichs haben sich kräftig rot verfärbt und werden an Buntheit nur noch vom Wiesenstorchschnabel übertroffen, dessen Laub jetzt Violett-, Purpur- und Orangetöne zieren.

Wie die Bäume im Wald ziehen auch viele Kräuter vor dem Winter das wertvolle Blattgrün aus ihren Blättern, um dessen Bestandteile in ihren unterirdischen Rhizomen zu speichern. So können sie es im nächsten Frühling »recyceln«. Zurück bleiben die plötzlich so auffälligen Farbstoffe, die weniger aufwendig zu bilden sind. Sie dürfen ruhig mit den alten Blättern vergehen. Storchschnabel & Co. können sie im nächsten Frühling schnell wiederherstellen.

Die Sonne scheint und weckt die Wiese zum Leben. Dicke Kreuzspinnen erklimmen hoch aufragende Halme, um noch einmal ein Radnetz zu bauen. Golden leuchtende Bernsteinschnecken kriechen auf unergründlichen Wegen an braunen Halmen auf und ab. Hie und da sitzen Wanzen und putzen sich den Saugrüssel – anscheinend ihre Lieblingsbeschäftigung. Ein Siebenpunkt-Marienkäfer marschiert über lange Brücken aus quer liegenden Grashalmen, um vielleicht doch noch die eine oder andere Blattlaus zu erbeuten. An einem Glatthaferstängel krabbelt ein Sumpfgrashüpfer empor. Langsam, ganz langsam, denn die letzte Nacht hat ihre Spuren hinterlassen. Seinem linken Hinterbein, mit dem er im Sommer Hunderte Male gehüpft ist, ist der erste Frost nicht gut bekommen. Es lässt sich nicht mehr richtig anwinkeln. Immer wieder hält das kleine Heuschreckenmännchen inne und beginnt zaghaft an den Glatthaferblättern zu fressen.

Er ist nicht die einzige Heuschrecke, die in der vergangenen Frostnacht mit einem »blauen Auge« davongekommen ist. An einer Mädesüßstaude sitzt ein im Vergleich riesiges Zwitscherschrecken-Weibchen. Es hat in den vergangenen Wochen immer wieder seine lange schwertartige Legeröhre in den Wiesenboden gestochen und darin einzelne Eier gelegt. Wie Pflanzensamen liegen sie jetzt dort im Erdreich, mindestens zwei Jahre lang. Vielleicht dauert es auch drei oder vier Jahre, bis im Frühling aus den Eiern kleine grüne Larven schlüpfen, um sich binnen Wochen zur nächsten Zwitscherschrecken-Generation zu entwickeln. Das Weibchen ist langsam geworden, zieht einen seiner langen Fühler durch die Mundwerkzeuge, um ihn zu putzen. Es hat Zeit, denn das Fortpflanzungsgeschäft hat es erfolgreich erledigt, und nun wartet es auf den Tod.

Der kommt aus der Luft. Weil es im Norden und Osten des Kontinents bereits Winter geworden ist, tauchen auf einmal neue Besucher in der Wiese auf. Vögel, die vor Schnee und Eis geflohen sind und nach einem Hunderte Kilometer weiten Flug in Richtung Südwesten auf der Feuchtwiese landen, um sich zu stärken. Es sind Saatkrähen. Große schwarze Gesellen mit einem am Ansatz klobig wirkenden, aber am Ende spitz zulaufenden und mit der Präzision einer Pinzette arbeitenden Schnabel. Ein ganzer Trupp der Gäste aus dem Norden stolziert über die Wiese, und jeder von ihnen lässt den messerscharfen Vogelblick schweifen. Sie ziehen Regenwürmer aus dem Boden, klauben Nackt- und Bernsteinschnecken von Blättern und lesen mit schnellen Bewegungen Heuschrecken von den Halmen.

Obwohl die Sonne nun höher über dem Horizont steht, bleibt die Luft kalt, die Temperatur ist nicht weit über den Nullpunkt hinausgeklettert. Dort, wo die Wiese noch im Schatten der Erlen und Weidengebüsche liegt, die vereinzelt am Flussufer wachsen, sind die Pflanzen seit der Nacht von Raureif überzogen. Schreitet eine Saatkrähe durch diesen bläulich-weiß schimmernden Teil der Wiese, fallen Myriaden von glitzernden Eiskristallen zu Boden und der schwarze Vogel zieht eine grüne Spur hinter sich her. Eine davon führt zu der Mädesüß-pflanze, an der die Zwitscherschrecke nach wie vor in ihre Körperpflege vertieft ist.

Mit Hingabe knabbert das Weibchen an einem ihrer Ohren. Die liegen, für Langfühlerschrecken typisch, unterhalb des Kniegelenks am Vorderbein. Dann zieht es das restliche Bein durch den Mund und schließlich die Fußglieder, samt den hakenförmigen Endklauen. Die Saatkrähe fixiert die Zwitscherschrecke, die keine 20 Zentimeter über ihrem Kopf auf dem Mädesüß sitzt. Dann schlägt sie einmal kurz mit den Flügeln, hüpft dabei in die Höhe und landet gleich darauf mit einem fetten grünen Brocken im Schnabel in der Wiese.

Der Saatkrähen-Trupp tummelt sich noch eine ganze Weile zwischen den Halmen und Kräutern und erntet dabei Dutzende Heuschrecken und jede Menge andere wirbellose Tiere. Dann, wie auf ein geheimes Kommando, fliegen die Marodeure auf und verschwinden am Horizont.

Das Sumpfgrashüpfer-Männchen mit dem lahmen Sprungbein hat den Überfall überlebt. Seine Art gehört zu den letzten Heuschrecken, die in dieser Jahreszeit ihr Lied vernehmen lassen, und so schickt es sich an zu rufen. Obwohl die Sonne auf seinen Sitzplatz scheint, ist es noch kühl. Zudem macht ihm das in Mitleidenschaft gezogene Sprungbein zu schaffen. Anstelle der 25 Silben, die das Männchen den ganzen Sommer über in fünfsekündigen, anschwellenden Strophen von sich gab, rätschen die Oberschenkel seiner Hinterbeine mit Mühe ein paarmal über die Schrilladern an seinen Flügeln.

Ein paar Meter weiter antwortet ein Weibchen, ebenfalls schwach und langsam, wie in Zeitlupe. Ratsch-ratsch-rratsch-rrratsch-rrrratsch macht es jetzt an verschiedenen Orten in der Wiese. Aber jeweils nur für kurze Zeit, denn es herrscht kein Heuschreckenwetter mehr. Und bereits am Nachmittag kommt ein leichter, kalter Wind aus Nordost auf. Schnell ist es zwischen Gräsern und Kräutern totenstill. Irgendwo in der Entfernung plaudern die Krähen, und vom Fluss her dringt leises Gurgeln über die Wiese, in der lediglich die trockenen Gräser raschelnde Geräusche von sich geben, wenn der Wind in sanften Böen darüberstreicht.

An den Halmen und Blättern sitzen sie jetzt ganz still. Die Sumpfgrashüpfer, Wanzen, Fliegen und die anderen kleinen Tiere, die sich noch nicht verkrochen haben. Manche, wie die allermeisten Marienkäfer, sind nicht mehr zu sehen. Sie haben sich in kleinen Grüppchen zurückgezogen in Spalten und Höhlungen. Unter Blätter von Bäumen, die der Herbstwind in die Wiese getragen hat, oder in Ritzen in den Zaunpfosten aus Eichenholz, die vor langer Zeit, als diese Wiesen noch einen Wert für die Menschen hatten, zwischen einigen der Parzellen eingeschlagen worden sind.

Nur ein einsamer Siebenpunkt-Marienkäfer hat den Anschluss verpasst. Er läuft auf einem der vom Frost der letzten Nacht lädierten Grashalme hin und her und sucht nach einer günstigen Position für den Abflug. Aber es ist einfach zu kalt. Die Sonne hat sich hinter ein graues Wolkenband zurückgezogen. Die unablässig wehende Brise verdunstet die allgegenwärtige Feuchtigkeit und kühlt die Wiese zusätzlich. Schließlich lässt sich der Marienkäfer fallen und landet direkt neben einem Sumpfgrashüpfer-Weibchen. Es hatte am Nachmittag seinen Hinterleib in den Wiesenboden gedrückt, um das letzte seiner 50 Eier zu legen. Aber es bewegt sich nicht mehr. Nie mehr. Der Siebenpunkt krabbelt mit langsamen Bewegungen seiner sechs kurzen Beinchen auf dem Boden herum, findet eine Höhlung und zwängt sich hinein.

Dann wird es richtig kalt. Bereits in der .Dämmerung fällt die Temperatur mehrere Grad unter null. Die Marienkäfer, manche Fliegen, einige Wanzen, Käfer und Schmetterlingsraupen und viele andere haben rechtzeitig körpereigenes Glycerin gebildet, eine Art

Frostschutzmittel aus Zuckeralkohol, das sie vor dem Kältetod schützt. Es senkt den Gefrierpunkt ihrer Körperflüssigkeit. Die Kälte an sich macht ihnen nichts aus. Würde jedoch das Wasser in ihren kleinen Körpern zu Eiskristallen erstarren, müssten sie sterben.

Anders das Sumpfgrashüpfer-Männchen mit dem steifen Bein, das noch vor Kurzem mit seinem Gezirpe das Wiesenorchester bereichert hat. In seinem kleinen Körper, regungslos an einen Grashalm geklammert, platzen jetzt Zellen, zerstören Eisnadeln die inneren Organe. Durch sein stabiles, für alle Insekten charakteristisches Außenskelett wirkt er noch für Stunden intakt. Aber das Leben ist aus dem kleinen Musikanten ein für alle Mal gewichen, noch bevor die funkelnden Sterne in dieser klaren Nacht davon künden, dass es erstmals in diesem Herbst klirrend kalt geworden ist. Am nächsten Morgen wird seine Chitinhülle zu Boden fallen und im Laufe der Zeit in der Streuschicht vergehen.

Die Stängel und Blätter der Wiesenpflanzen sind nach dieser Nacht von Eiskristallen gesäumt, als hätte ein Zuckerbäcker den Auftrag der Eiskönigin ernst genommen, alles hier reichlich zu verzieren. Einige Kräuter in der Wiese trugen bis gestern noch Blüten voller Nektar und Pollen. Die Flockenblume zum Beispiel oder der Wiesen-Pippau. Auch sie haben jetzt Krönchen aus Raureif auf. Die Wiese war vielleicht noch nie so schön wie an diesem Morgen. Aber nun, als die Sonne erneut aufgeht, fällt alles in sich zusammen. Die grünen Halme liegen am Boden Die bunten Blumen hängen schlaff herab. Die Farben der Kräuter sind über Nacht verschwunden. Die Kleintiere, die sich nicht versteckt und mit Hilfe von körpereigener Chemie auf den Winter vorbereitet haben, liegen tot am Boden.

So funktioniert das Leben in der Wiese seit jeher. In den weiten, parkähnlichen Ebenen Europas, durch die einst gewaltige Tierherden zogen, ebenso wie in den rechtwinklig angelegten Wiesen im Zeitalter der Menschen, dem Anthropozän. Die Wiese ist auch im Winter voller Leben, allerdings nehmen wir es kaum wahr. Es steckt vor allem in unzähligen Eiern, Larven und Puppen in Halmen, in der Streuschicht und im Boden und wartet monatelang darauf, von der Frühlingssonne wachgeküsst zu werden.

Dann, zumindest solange alles beim Alten bleibt und nichts Schwerwiegendes dazwischenkommt, beginnt ein weiteres Jahr voller Vielfalt, in den kleinen Wiesenparzellen am Fluss, die aussehen, als habe sie jemand schön säuberlich im rechten Winkel zum Ufer hingelegt, eine neben die andere.

DANK

Ich bin vielen Menschen sehr dankbar, ohne die ich nicht wäre, was ich bin, und ohne die ich nicht den Luxus genießen könnte, mich seit Jahrzehnten hauptberuflich mit der Natur und dem Thema Wiese zu beschäftigen. Meine Eltern, die Grundschullehrerin Gudrun und der Patentanwalt Uwe Haft, hatten oft ihre Mühe mit dem eigenwilligen Sohn, duldeten aber stets die skurrilsten Tiere und sonderbarsten Besucher in ihrem Haus.

Ich gehöre noch zu der Generation, die einen Wehr- oder Wehrersatzdienst leisten musste. Eine glückliche Fügung! So kam ich zum Landesbund für Vogelschutz in Bayern, wo mich im Laufe des 20 Monate dauernden Zivildienstes viele inspirierende Naturschützer umgaben. Hier traf ich zum ersten Mal Heinz Sielmann, mit dem ich später kurz zusammenarbeiten durfte. Zu dieser Zeit lernte ich auch den Münchner Evolutionsbiologen Dietrich Schaller kennen, der mir bei der Betrachtung ökologischer Zusammenhänge immer wieder die Augen öffnete und dies bis heute tut.

In den 1990er Jahren nahmen mich die Profi-Ökologen Uli Heckes, Moni Hess und Hans-Jürgen Gruber in ihr Gutachterbüro auf, wo ich von ihrem ungeheuren Fachwissen profitieren und mehrere Jahre lang Wasserinsekten und Fledermäuse kartieren durfte. In dieser Zeit lernte ich auch den Süßwasserfisch-Experten Andreas Hartl und seine Frau Waltraud kennen. Ohne diese beiden Menschen wäre mein Leben in völlig anderen Bahnen verlaufen. Sie vermittelten uns den Bauernhof, auf dem wir heute leben, halfen uns bei den Aufbauarbeiten und waren und sind beste Freunde und Familie zugleich. Andreas hat ein phänomenales Wissen, nicht nur über die Tiere und Pflanzen des einst von Blumenwiesen überzogenen Isentales, in dem ich mit meiner Familie zu Hause bin. Die wiederum verdanke ich einem der patentesten, schönsten und faszinierendsten Menschen, die ich je kennenlernte: meine Frau Melanie. Das gemeinsame Arbeiten und Leben auf unserem kleinen Hof mit Kindern und Tieren füllt uns seit mehr als 15 Jahren aus, sodass Langeweile und Verdruss niemals aufkommen. Umso mehr bin ich dankbar, dass meine wunderbare Frau in den zurückliegenden Monaten immer wieder Freiräume für mich geschaffen hat, die es mir erlaubten, mich nicht nur mit der Kamera, sondern auch schriftlich »Der Wiese« zu widmen.

Ich danke auch unseren Nachbarn, überwiegend traditionelle Landwirte, die uns nie als »Ökospinner« abtaten und mit Rat und Maschinen halfen, wenn es etwa galt, das Wiesenheu vor einem plötzlich heraufziehenden Gewitter in Sicherheit zu bringen. Und ich bedanke mich von Herzen bei allen, ganz gleich welcher umweltpolitischen Einstellung, die in munteren Diskussionen dazu beitrugen und nach wie vor beitragen, sicher Geglaubtes zu hinterfragen und den Blick auf die Dinge zu schärfen.

Auch das Zustandekommen dieses Buches hat sich nicht von alleine ergeben. Michael Miersch von der Deutschen Wildtier Stiftung ebnete gemeinsam mit Wolfgang Ferchl von der Verlagsgruppe Random House den Weg und stellte den Kontakt zwischen dem Verlag und mir her. Michael ist ein langjähriger Weggefährte; er gab mir seinerzeit beim Einstieg ins Naturfilmgeschäft wertvolle Tipps und ist beruflich wie privat ein geschätzter Diskussionspartner. Wir sind nicht immer derselben Meinung, aber uns eint die Faszination für das Leben auf dem Globus. Ein weiterer Begleiter seit zwei Jahrzehnten ist mein Freund und Mitarbeiter Gerwig Lawitzky, der in unserer Firma als Wissenschaftler tätig ist. Er und der »Vogelphilipp«, der Landshuter Vollblut-Ornithologe Philipp Herrmann, haben manches Detail recherchiert und die Richtigkeit meiner Angaben im Buch überprüft.

Julia Hoffmann, meine Lektorin, begleitete schließlich die Entstehung des Buches mit viel Verständnis für den schreibenden Filmemacher, der nicht immer greifbar ist.

AUSGEWÄHLTE LITERATUR

Im Folgenden ist eine kleine Auswahl an »Wiesenliteratur« aufgeführt, die beim Schreiben des Buches eine Rolle spielte. Ich habe dabei eine willkürliche Einteilung vorgenommen. Zunächst sind ein paar Werke aufgelistet, die eher umfangreich und meist nur in gedruckter Form zugänglich sind und die einen Überblick über bestimmte Wissensbereiche zum Thema »Wiese« bieten. Darauf folgen etwas detailliertere Arbeiten, die vielfach auch im Internet verfügbar sind. Am Schluss noch einige nützliche Web-Links, die eher als Anregung zu verstehen sind, selbst in die unendlichen Fluten des Internets einzutauchen und sich dort umzusehen.

An dieser Stelle sei dem Leser aber auch ans Herz gelegt, die eigenen vier Wände zu verlassen und die realexistierenden Wiesen zu inspizieren. Seien es monotone Grasäcker oder blühende Kräuterwiesen. Zwar ist es, nicht nur für den Naturinteressierten, unumgänglich ein Leben lang zu lesen und zu lernen. Doch sind die Erfahrungen unersetzlich, die jeder macht, der in der Natur unterwegs ist und mit wachem Blick und Interesse für ein Thema durch die Landschaft streift.

Umfassende Werke

Gedeon, K., C. Grüneberg, A. Mitschke, C. Sudfeldt, W. Eickhorst, S. Fischer, M. Flade, S. Frick., I. Geiersberger, B. Koop, M. Kramer, T. Krüger, N. Roth, T. Ryslavy, S. Stübing, S. R. Sudmann, R. Steffens, F. Vökler, K. Witt: Atlas Deutscher Brutvogelarten – Atlas of German Breeding Birds, hrsg. von der Stiftung Vogelmonitoring und dem Dachverband Deutscher Avifaunisten, Münster 2014

Bauer, H.- G., E. Bezzel, W. Fiedler (Hrsg.): Das Kompendium der Vögel Mitteleuropas: Alles über Biologie, Gefährdung und Schutz. Bd. 1: Nonpasseriformes – Nichtsperlingsvögel, Aula-Verlag Wiebelsheim, Wiesbaden 2005

Bayerische Akademie der Wissenschaften (Hrsg.): Gräser und Grasland: Biologie – Nutzung – Entwicklung – Rundgespräche der Kommission für Ökologie, Bd. 31, Verlag Dr. Friedrich Pfeil, München 2006

Bundesamt für Naturschutz (BfN) mit Beiträgen von K. Ammermann, S. Balzer, A. Benzler, K. Dietrich, R. Dröschmeister, H. Dünnfelder, G. Ellwanger, P. Finck, A. Heym, B. Job-Hoben, A. Krug, A. Mues, S. Natho, B. Schweppe-Kraft, A. Ssymank, C. Strauß, M. Vischer-Leopold, W. Zueghart: Grünland-Report – Alles im grünen Bereich?, hrsg. vom Bundesamt für Naturschutz, Bonn 2014

Deutsche Wildtierstiftung (Hrsg.): Rettet die Wiesen – Landwirtschaft & Artenvielfalt; Expertenforum 2017, Deutsche Wildtierstiftung, Hamburg 2018

Dierschke, H., G. Briemle, A. Kratochwil, A. Schwabe: Kulturgrasland: Wiesen, Weiden und verwandte Staudenfluren, Verlag Eugen Ulmer KG, Stuttgart 2002

Goulson, D.: Das Summen in der Wiese – Das geheime Leben der Insekten, Ullstein Verlag, Berlin 2018

Kauter, D.: »Sauergras« und »Wegbreit«: Die Entwicklung der Wiesen in Mitteleuropa zwischen 1500 und 1900. Berichte des Institutes für Landschafts- und Pflanzenökologie der Universität Hohenheim, hrsg. vom Institut für Landschafts- und Pflanzenökologie Hohenheim, Verlag Heimbach, Stuttgart 2002

Reichholf, J. H.: Schmetterlinge, Hanser Verlag, München 2018

Weiterführende Publikationen

Bayerische Landesanstalt für Landwirtschaft (LfL): Umweltwirkung eines zunehmenden Energiepflanzenanbaus. Schriftenreihe der LfL 11, 2008

Bayerische Landesanstalt für Landwirtschaft (LfL) (Hrsg.): Nutzung von Grünland zur Biogaserzeugung – Machbarkeitsstudie, LfL-Information, Freising-Weihenstephan 2011

Lind, B.: Where have all the flowers gone? Grünland im Umbruch, hrsg. vom Bundesamt für Naturschutz (BfN), Bonn-Bad Godesberg 2009

Bundesamt für Naturschutz (BfN) (Hrsg.) mit Beiträgen von S. Balzer, A. Benzler, R. Dröschmeister, G. Ellwanger, P. Finck, S. Heinze, A. Herberg, M. Klein, A. Krüß, D. Metzing, R. Petermann, V. Scherfose, B. Schweppe-Kraft, A. Ssymank, C. Strauß, K. Ullrich, M. Vischer-Leopold: Agrar-Report 2017: Biologische Vielfalt in der Agrarlandschaft, Bonn-Bad Godesberg 2017

Bundesamt für Naturschutz – Internationale Naturschutzakademie Insel Vilm (INA) in Kooperation mit der Hochschule für Forstwirtschaft Rottenburg (Hrsg.): Artenreiches Grünland – Chancen schaffen & Möglichkeiten nutzen, Zusammenfassung der Tagung an der Internationalen Naturschutzakademie Vilm vom 9. bis 12. Oktober 2017: https://biologischevielfalt.bfn.de/fileadmin/NBS/documents/Dialogforen/DF_Stofffluesse/Dialogforum_Gruenland_final_hd_BF.pdf

Burgenländische Landesregierung (Hrsg.): Gesamte Rechtsvorschrift für Geschützten Lebensraum Stotzinger Heide, Fassung vom 25. 6. 2012

Čámská, K., H. Skálová: Effect of low dose N application and early mowing on plant species composition of mesophilous meadow grassland (Arrhenatherion) in Central Europe. In: Grass and Forage Science, Vol. 67, Nr. 3, John Wiley & Sons, Hoboken, New Jersey 2012

Deutscher Bundestag, 18. Wahlperiode, 2.5.2017: Antwort der Bundesregierung auf die Kleine Anfrage der Abgeordneten Steffi Lemke, Harald Ebner, Annalena Baerbock, weiterer Abgeordneter und der Fraktion BÜNDNIS 90/DIE GRÜNEN: Stummer Frühling – Verlust von Vogelarten, Drucksache 18/12195, 2.5.2017: http://dip21.bundestag.de/dip21/btd/18/121/1812195.pdf

Deutsche Wildtierstiftung (Hrsg.): Das Verschwinden der Schmetterlinge – Statusbericht von Prof. Dr. Josef H. Reichholf, Hamburg 2017

Diepolder, M., S. Raschbacher: Leistungsfähiges Grünland und Verzicht auf mineralische Düngung – Sind nachhaltig hohe Erträge und Futterqualitäten möglich? In: Schule und Beratung, Heft 3–4, pp. 3–13, hrsg. vom Bayerischen Ministerium für Ernährung, Landwirtschaft und Forsten, München 2010

Gürke, J.: Blumenwiesen anlegen und pflegen. Pro Natura Praxis 21, Pro Natura, Basel 2014

Habel, J. C., J. Dengler, M. Janisova, P. Török, C. Wellstein, M. Wiezik: European Grassland Ecosystems: threatened hotspots of biodiversity. In: Biodiversity and Conservation, Vol. 22, Bd. 10, pp. 2131–2138, Springer, Heidelberg/Berlin 2013

Hallmann, C. A., M. Sorg, E. Jongejans, H. Siepel, N. Hofland, H. Schwan et al.: More than 75 percent decline over 27 years in total flying insect biomass in protected areas, PLOS ONE 12 (10), San Francisco 2017

Hejcman, M., P. Hejcmanová, V. Pavlů, J. Beneš: Origin and history of grasslands in Central Europe – a review. In: Grass and Forage Science, Vol. 68, Nr. 3, pp. 345–363, John Wiley & Sons, Hoboken, New Jersey 2013

Heringer, J.: Bukolien – Weidelandschaft als Natur- und Kulturerbe: Bewahrung und Entwicklung. Laufener Seminarbeiträge 4/2000, hrsg. von der Bayerischen Akademie für Naturschutz und Landschaftspflege (ANL), Laufen/Salzach 2000

Hötker, H., P. Bernardy, K. Daziewiaty, M. Flade, J. Hoffmann, F. Schöne, K.-M. Thomsen: Gefährdung und Schutz – Vögel der Agrarlandschaften, hrsg. vom NABU, Berlin 2013: http://www.glus.org/fileadmin/archiv/foerderprojekte_ueberregional/nabu_feldvoegel_final.pdf

Huber, M., J. Epping, C. Schulze Gronover, J. Fricke, Z. Aziz, T. Brillatz, M. Swyers, T. G. Köllner, H. Vogel, A. Hammerbacher, D. Triebwasser-Freese, C. A. M. Robert, K. Verhoeven, V. Preite, J. Gershenzon, M. Erb: A latex metabolite benefits plant fitness under root herbivore attack, PLOS Biology, San Francisco 2016

Kapfer, A.: Beitrag zur Geschichte des Grünlands Mitteleuropas – Darstellung im Kontext der landwirtschaftlichen Bodennutzungssysteme im Hinblick auf den Arten- und Biotopschutz. In: Naturschutz und Landschaftsplanung, Zeitschrift für angewandte Ökologie, Nr. 5, Stuttgart 2010

Krawczynski, R.: Die potentiell natürliche Megafauna Europas. Conference: Wildnis in Mitteleuropa – Bewahren, Entwickeln, Zulassen at Schwedt-Criewen, Conference Paper Vol. 9, pp. 29–40, Schwedt-Criewen 2012

Kronenberg, H.: Pflege von Blumenwiesen. Infoblätter Naturgarten 27, 2. Aufl., hrsg. von der Natur- und Umweltschutz-Akademie des Landes Nordrhein-Westfalen (NUA) und dem Arbeitskreis VHS-Biogarten, 2002

Kunz, W.: Ist Deutschland zu grün? In: Rettet die Wiesen – Landwirtschaft und Artenvielfalt, hrsg. von der Deutschen Wildtierstiftung, Hamburg 2018, pp. 22–31

Landeshauptstadt München, Referat für Stadtplanung und Bauordnung (Hrsg.): Ausgleichsflächen – Gesamtstädtisches Konzept und Umsetzung, München 2014

Langgemach, T., J. Bellebaum: Prädation und der Schutz bodenbrütender Vogelarten in Deutschland, Die Vogelwelt 126, pp. 259–298, Wiebelsheim 2005

Leuschner, C., K. Wesche, S. Meyer, B. Krause; K. Steffen, T. Becker, H. Culmsee: Veränderungen und Verarmung in der Offenlandvegetation Norddeutschlands seit den 1950er Jahren: Wiederholungsaufnahmen in Äckern, Grünland und Fließgewässern; Berichte der Reinhold-Tüxen-Gesellschaft, Bd. 25, pp. 166–182, Hannover 2013

Meyer, S., K. Wesche, B. Krause, C. Brütting, I. Hensen, C. Leuschner: Diversitätsverluste und floristischer Wandel im Grünland seit 1950. In: Natur und Landschaft, Bd. 89, Stuttgart 2014, Heft 9, S. 399–404

Pabst, H., J. Schramek, H. Nitsch, A. Trukenmüller: Rettet die Wiesen – Kurzstudie zur Situation des Grünlands in Deutschland. Institut für Ländliche Strukturforschung (IfLS) an der Johann Wolfgang Goethe-Universität Frankfurt am Main, im Auftrag der Deutschen Wildtierstiftung, Frankfurt 2017

Pärtel, M., H.H. Bruun, M. Sammul: Biodiversity in temperate European grasslands: origin and conservation. In: Grassland Science in Europe, hrsg. von der European Grassland Federation (EGF), Vol. 22, Bd. 10, 2005, pp. 2131–2138

Niedersächsischer Landesbetrieb für Wasserwirtschaft, Küsten- und Naturschutz (NLWKN) (Hrsg.): Vollzugshinweise zum Schutz von Wirbellosenarten in Niedersachsen: Schwarzer Moorbläuling (Dunkler Wiesenknopf-Ameisenbläuling) (Maculinea nausithous), Niedersächsische Strategie zum Arten- und Biotopschutz, Norden 2011

Ruppaner, M.: Zukunft für Wiesen und Weiden – Plädoyer für eine Umkehr im Umgang mit Grünland. In: Der kritische Agrarbericht, hrsg. vom Bund Naturschutz in Bayern e. V., Nürnberg 2010, pp. 24–37

Sack, P.: Ausbreitungsbiologische Experimente an Arten der Subtribus Prunellineae (Prunella L. und Cleonia L.; Lamiaceae). In: Bibliotheca Botanica, Heft 156, Stuttgart 2003

Schweingruber, F. H., H. J. Dietz: Jahrringe in Krautpflanzen und Zwergsträuchern. In: Informationsblatt Landschaft, hrsg. von der Eidgenössischen Forschungsanstalt WSL, Birmensdorf, Bd. 49, 2001, pp. 1–2

Schweingruber, F. H., A. Börner, E. Schulze: Atlas of stem anatomy in herbs, shrubs and trees. Bd. 1, Springer, Heidelberg/Berlin 2011, p. 495

Uhlemann, I.: New species of the genus Taraxacum (Asteraceae) from Germany I. In: Schlechtendalia, hrsg. von der Martin-Luther-Universität Halle-Wittenberg, Bd. 12, 2004, pp. 119–136

Uhlemann, I.: New species of the genus Taraxacum (Asteraceae) from Germany II. In: Schlechtendalia, hrsg. von der Martin-Luther-Universität Halle-Wittenberg, Bd. 24, 2012, pp. 13–20

Uhlemann, I., M. Eggert, J. Schiemann, K. Thiele: Zum Wiederanbau von Taraxacum koksaghyz (Asteraceae) als Kautschuklieferant in Deutschland; in Vorbereitung

Umweltbundesamt Dessau-Roßlau (Hrsg.): Stickstoff – Zuviel des Guten? Broschüre, Dessau-Roßlau 2018: https://www.umweltbundesamt.de/sites/default/files/medien/publikation/long/4058.pdf

Wendland, M., M. Diepolder, P. Capriel: Leitfaden für die Düngung von Acker- und Grünland. LfL-Information, 8. überarb. Aufl., hrsg. von der Bayerische Landesanstalt für Landwirtschaft, Freising-Weihenstephan 2007

Wesche, K., B. Krause, H. Culmsee, C. Leuschner: Fifty years of change in Central European grassland vegetation: Large losses in species richness and animal-pollinated plants. In: Biological Conservation, Vol. 150, Bd. 1, pp. 76–85, Amsterdam 2012

Wille, V., A. Barkow, J. Linke, N. Feige: Langfristige Entwicklung des Brutbestandes der Uferschnepfe Limosa limosa am Unteren Niederrhein. In: Charadrius, Bd. 47, Heft 3, 2011, pp. 122–140

Wilson, J. B., R. K. Peet, J. Dengler, M. Pärtel: Plant species richness: the world records. In: Journal of Vegetation Science, Vol. 23, 2012, pp. 796–802

Witt, R., B. Dittrich: Blumenwiesen – Anlage, Pflege, Praxisbeispiele. Mit Wiesenpflanzen-Lexikon. BLV-Verlagsgesellschaft, München 1996

Nützliche Links

Beim Schnorcheln im Internet findet man schier endlos Stoff zum Thema Wiesen. Unzählige Websites informieren zu den Themenbereichen Arten, Bewirtschaftung, Geschichte, Erforschung und Schutz der Wiesen. Hier ein paar interessante Beispiele:

Belastbare Daten und fachliche Analysen zu den unterschiedlichsten Themenfeldern des Natur- und Umweltschutzes bietet das Bundesamt für Naturschutz in seinem Internetauftritt, so auch zum Thema Landwirtschaft und Grünland: https://www.bfn.de/infothek/daten-fakten/nutzung-der-natur/landwirtschaft.html

Lesestoff zum Thema Landwirtschaft und Boden findet sich auch auf den Seiten des Umweltbundesamtes: https://www.umweltbundesamt.de/themen/boden-landwirtschaft

Die Zusammenhänge zwischen Urlandschaft, Beweidung und Mahd findet man anschaulich zusammengefasst in der Präsentation »Evolution im Naturschutz: Von der Weide zur Wiese und zurück?« des führenden Zikadenexperten Herbert Nickel. Sie öffnet jedem die Augen, der sich mit Naturschutz im Kultur- und Offenland beschäftigt; https://www.bfn.de/fileadmin/BfN/ina/Dokumente/Tagungsdoku/2017/02_Nickel_Wiese_oder_Weide.pdf

Kurios: Der Bioakustiker Prof. Matija Gogala hat als Direktor des Slowenischen Naturkundemuseums an Tierstimmen gearbeitet. Dabei hat er unter anderem mit winzigen Mikrofonen Wanzen abgehört (nicht etwa andersherum), darunter auch Arten, die in Blumenwiesen leben. Eine Internetseite voller Überraschungen: http://www2.arnes.si/~ljprirodm3/bioakustika.html

Die mittlerweile international bekannte und geradezu berühmte »Krefeldstudie« von 2017, die das Ausmaß des Insektensterbens bekannt gemacht hat: https://journals.plos.org/plosone/article?id=10.1371/journal.pone.0185809

Online-Handbuch »Beweidung im Naturschutz« der Akademie für Naturschutz und Landschaftspflege (ANL). Hier kann man nachlesen, welche Rolle Weidetiere wie z. B. Wasserbüffel bei der Pflege von Schutzgebieten spielen können; https://www.anl.bayern.de/fachinformationen/beweidung/

Die Heinz Sielmann Stiftung setzt sich für den Erhalt von wertvollen Lebensräumen sowie für den Biotopverbund ein, etwa im »Grünen Band«, dem ehemaligen innerdeutschen Todesstreifen zwischen Ost und West, wo sich noch viele heute fast verschwundener Wiesentypen erhalten haben; https://www.sielmann-stiftung.de/natur-erlebenschuetzen/biotopverbund-eichsfeld-werratal/

Viele interessante Zahlen rund um das Thema Landwirtschaft und Grünland veröffentlicht das Statistische Bundesamt Wiesbaden: https://www.destatis.de/DE/ZahlenFakten/Wirtschaftsbereiche/LandForstwirtschaftFischerei/LandForstwirtschaft.html

Wiesenvögel live! Eine Seite, die über das Leben von Uferschnepfe, Kiebitz, Brachvogel, Rotschenkel, Bekassine und Wachtelkönig informiert, besonders in Niedersachsen. Man kann sich den aktuellen Aufenthaltsort von mit Peilsendern ausgerüsteten Uferschnepfen anzeigen lassen. Vogelzug zum »Anfassen«: http://www.wiesenvoegel-life.de

In Bayern und anderen deutschen Bundesländern, aber auch in Österreich und der Schweiz gibt es sogenannte Wiesenmeisterschaften. Dabei wird unter verschiedenen Vorzeichen jeweils die schönste Wiese gesucht und prämiert. Hier ein paar Beispiele:

https://www.lfl.bayern.de/Wiesenmeisterschaft

https://www.bund-naturschutz.de/landwirtschaft/wiesenmeisterschaft/wiesenmeisterschaft-2018.html

https://www.naturpark-suedschwarzwald.de/eip/pages/wiesenmeisterschaften.php

http://www.wiesenmeisterschaft.com

http://www.wiesenmeisterschaft.ch/de/

Wir tun was für Wiesen!

Das Verschwinden artenreicher Wiesen hat massive ökologische Folgen. Doch es wird in der Öffentlichkeit kaum wahrgenommen. Viele Menschen sehen grüne Landschaften und bemerken nicht, dass es längst keine Lebensräume für Wildtiere mehr sind. Deshalb hat die Deutsche Wildtier Stiftung Jan Haft, den vielfach preisgekrönten Tierfilmer und Autor dieses Buches, beauftragt, mit einem großen Dokumentarfilm auf dieses brennende Thema aufmerksam zu machen.

Der Film *Die Wiese – ein Paradies nebenan* zeigt die lebendige Welt zwischen Gräsern, Kräutern und Blumen aus noch nie gesehenen Perspektiven. Und er macht auf eindrucksvolle Weise deutlich, warum Wiesen verschwinden.

DEUTSCHE WILDTIER STIFTUNG

Die Deutsche Wildtier Stiftung schützt Lebensräume bedrohter Tierarten. Auf unseren Naturschutzflächen pflegen und bewirtschaften wir Wiesen so, dass Wildtiere darin leben können.

Unterstützen Sie uns bei der Rettung der Wiesen! Mehr erfahren Sie hier:

www.DeutscheWildtierStiftung.de

Nach **DAS GRÜNE WUNDER – UNSER WALD**
und **MAGIE DER MOORE**
der neue Naturfilm von Jan Haft.

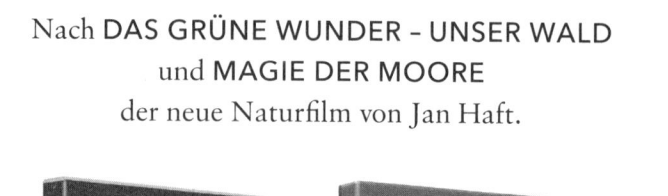

DIE WIESE – EIN PARADIES NEBENAN
führt die Zuschauer in eine Welt, die jeder zu kennen
glaubt und die doch voller Wunder und
Überraschungen steckt.

Der Kinofilm ist ab Herbst 2019 auf DVD und Blu-ray
überall erhältlich.
Best.-Nr.: 4006448767617 (DVD)/
4006448365561 (Blu-ray)
www.DieWiese-DerFilm.de